变频器实用技术

程改青　编著

黄河水利出版社

·郑州·

内 容 提 要

本书主要以世界知名变频器生产厂家的产品为例，讲述了变频器的结构、安装、操作、维修。本书共分三部分：变频器的基本知识、变频器的选择与使用、变频器的应用，首先简述了变频器的工作原理和分类，接着讲述了变频器的选择、安装、操作、参数和功能设置，最后优选了变频器在生活、生产、控制工程中的应用实例。

本书重在实用，引用了大量的图片和接线图，叙述问题力求深入浅出，专业基础起点低的读者也能理解。本书可供机电设备维修技术人员以及相关专业的师生阅读参考。

图书在版编目(CIP)数据

变频器实用技术/程改青编著．—郑州：黄河水利出版社，2012.6

ISBN 978-7-5509-0275-6

Ⅰ.①变… Ⅱ.①程… Ⅲ.①变频器 Ⅳ.①TN773

中国版本图书馆 CIP 数据核字(2012)第107969号

组稿编辑：王文科　电话：0371-66028027　E-mail：wwk5257@163.com

出 版 社：黄河水利出版社

地址：河南省郑州市顺河路黄委会综合楼14层　邮政编码：450003

发行单位：黄河水利出版社

发行部电话：0371-66026940、66020550、66028024、66022620(传真)

E-mail：hhslcbs@126.com

承印单位：河南省瑞光印务股份有限公司

开本：787 mm×1 092 mm　1/16

印张：8.75

字数：210千字　　印数：1—4 000

版次：2012年6月第1版　　印次：2012年6月第1次印刷

定价：24.00元

前　言

变频技术是工业企业和家用电器中普遍使用的一种新技术,也是高科技领域的综合技术。目前中小型低压变频器已经非常普及和成熟,大功率的中压变频器也正在被人们关注和逐步应用。变频器除有卓越的无级调速性能外,还有显著的节电和环保功能,是企业技术改造和产品更新换代的理想调速装置。

变频器按交流环节分为两大类:一类是交—交变频器,另一类是交—直—交变频器。不同类型的变频器内部结构差别很大,制造难度也不同。本书定名为“变频器实用技术”,其目的是让读者一书在手,既可全面地了解变频器的基本原理,又能通过书中的典型应用实例举一反三地对企业的技术改造提出方案。

本书引用了大量的图片和接线图,在内容上深入浅出,精简电力电子器件的讲述,主要叙述了晶闸管、GTR、IGBT、MCT 等少数器件;尽量减少公式推导,数学上甚至很少用到微积分,各章的公式极少;概念叙述精准,往往以形象化的图形来阐明问题。因此,本书的读者门槛较低,具备中专以上学历、学习过“电工与电子技术”课程即可。

本书共分三部分:变频器的基本知识、变频器的选择与使用、变频器的应用,从应用的角度介绍了典型厂家新产变频器的技术规格,不限于其中某一功能如何操作的讲解,以帮助读者选型和比较方案。这样,既节省了篇幅,又增大了信息量。希望本书能对电专业甚至非电专业的技术人员、工人以及在校的大学生有所帮助,成为他们掌握变频技术的“实用指南”。

本书由程改青编著,杨一平统稿。在撰写过程中,得到了许继电气集团电控公司和西继电梯公司的多名高级工程师的大力支持,获得了充分的资料;杨一平、宁玉伟在本书写作过程中给予了很大的鼓励和帮助;引用了许多已出版的中外著作和文献,在此一并致谢。

由于作者水平有限,书中错漏之处在所难免,恳请读者不吝指正。

作　者

2012 年 2 月

目　录

第一部分　变频器的基本知识

变频器通过电力半导体器件的通断作用将工频电源的频率进行变换，是变频技术应用于实际生产的装置。变频器作为运动控制系统中的功率变换器件，能把电信号从一种频率变换成另一种频率。

变频器的分类

一、按交流环节分类

(一)交—交变频器

交—交变频器通常由三相反并联晶闸管可逆桥式变流器组成。它把电网固定频率的交流功率直接转换成频率可调的交流功率(转换前后的相数相同)，具有过载能力强、效率高、输出波形较好等优点，但它输出频率低、使用功率器件多、功率因数低，并且高次谐波对电网影响大。交—交变频器可驱动同步电动机或异步电动机，目前在轧钢机、船舶主传动、矿石粉碎机、电力牵引等容量较大的低速传动设备上使用较多。交—交变频器的结构框图如图1-1所示。

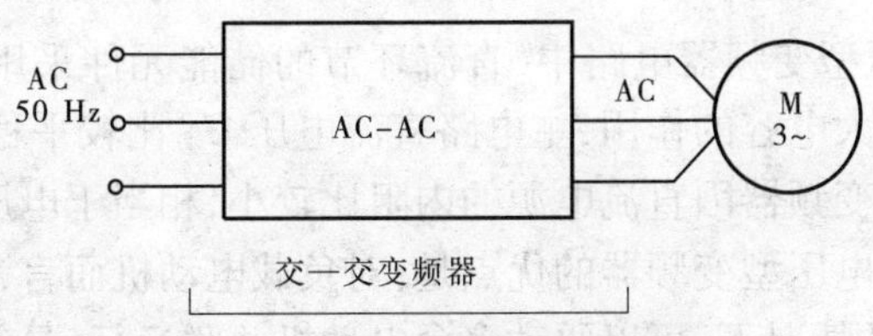

图1-1　交—交变频器结构框图

(二)交—直—交变频器

交—直—交变频器先把频率为50 Hz的交流电整流成直流电，再把直流电逆变成频率连续可调的交流电。由于把直流电逆变成交流电的环节较易控制，因此在频率的调节范围和改善变频后电动机的运行特性等方面，交—直—交变频都有明显优势，是目前广泛采用的变频方式。交—直—交变频器结构框图如图1-2所示。

二、按直流环节的滤波形式分类

(一)电流型变频器

如图1-3所示，电流型变频器电路的中间直流环节采用大电感作为储能元件，无功功率将由该电感来缓冲。在电感的作用下，直流电流 I_d 趋于平稳，电动机端的电流波形为矩形波或阶梯波，电压波形接近于正弦波。该变频器因直流电源的内阻较大，近似于电流源，故称为电流源型变频器或电流型变频器。电流型变频器的突出优点是，容易实现回馈制动，便于四象限运行；直流电压可以迅速改变，故调速系统动态响应比较快。因此，电流型变频器

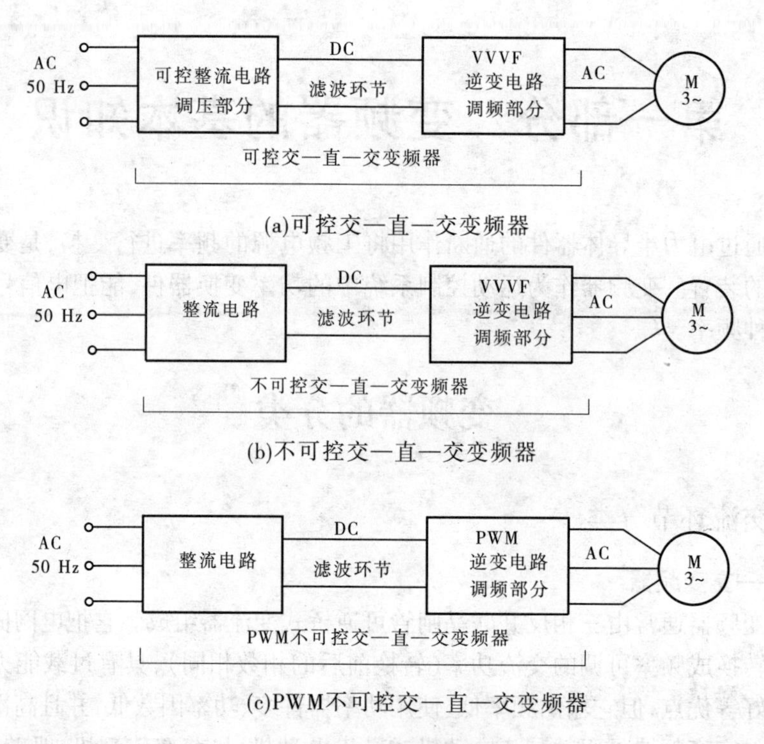

(a)可控交—直—交变频器

(b)不可控交—直—交变频器

(c)PWM不可控交—直—交变频器

图 1-2　交—直—交变频器结构框图

可用于频繁急加/减速的大容量电动机的传动控制。

(二)电压型变频器

如图 1-4 所示,电压型变频器电路中,直流环节的储能元件采用大电容,负载的无功功率将由它来缓冲。由于大电容的作用,主电路直流电压 U_d 比较平稳,电动机端的电压波形为矩形波或阶梯波。该变频器因直流电源的内阻比较小,相当于电压源,故称为电压源型变频器或电压型变频器。电压型变频器的优点是:对负载电动机而言,变频器是一个交流电压源,在不超过容量限度的情况下,可以驱动多台电动机并联运行,具有不选择负载的通用性;缺点是:不易实现回馈制动,在必须制动时,只好采用直流环节中并联电阻的能耗制动方式或者采用可逆变流器,因此调速系统动态响应比较慢。

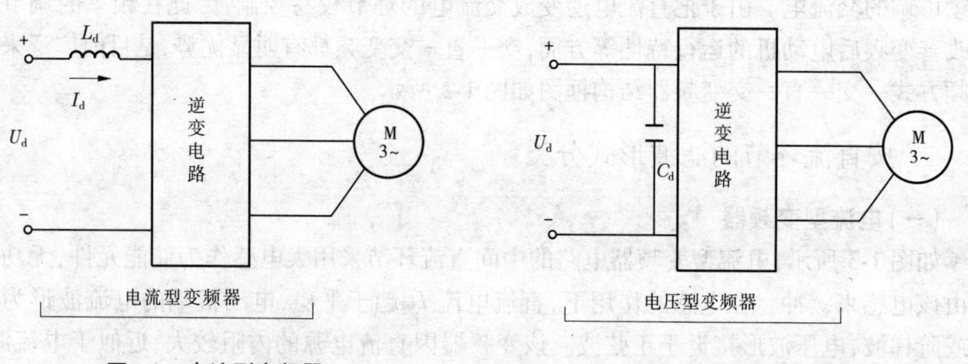

图 1-3　电流型变频器　　　　**图 1-4　电压型变频器**

三、按控制方式分类

(一)电压频率比控制变频器

电压频率比控制的目的是得到理想的转矩—速度特性,通用型变频器基本上都采用这种控制方式。电压频率比控制变频器无速度传感器,为速度开环控制,负载可以是通用型异步电动机,因此通用性强、经济性好。但开环控制方式不能达到较高的控制性能,而且在低频时必须进行转矩补偿,以改变低频转矩特性,故其常用于速度精度要求不十分严格或负载变动较小的场合。

(二)转差频率控制变频器

转差频率控制方式是对电压频率比控制方式的一种改进,这种控制需要由安装在电动机上的速度传感器检测出电动机的转速,构成速度闭环,速度调节器的输出为转差频率,而变频器的输出频率则由电动机的实际转速信号与所需的转差频率决定($n=\frac{60f}{p}(1-s)$)。由于转差频率控制方式通过控制转差频率来控制转矩和电流,与电压频率比控制相比,其加减速特性和限制过电流的能力得到提高。但在控制系统中需要安装速度传感器求取转差角频率,有时还需加电流反馈,针对具体电动机的机械特性调整控制参数,因而这种控制方式的通用性较差。

(三)矢量控制变频器

矢量控制是一种高性能异步电动机控制方式,是通过矢量坐标电路控制电动机定子电流的大小和相位,以便对电动机的励磁电流和转矩电流分别进行控制,进而达到控制电动机转矩的目的。它将异步电动机的定子电流分为产生磁场的电流分量(励磁电流)和与其垂直的产生转矩的电流分量(转矩电流),并分别加以控制。由于在这种控制方式中必须同时控制异步电动机定子电流的幅值和相位,即定子电流的矢量,因此这种控制方式被称为矢量控制方式。基于转差频率控制的矢量控制方式与转差频率控制方式定常特性一致,但是,矢量控制还要经过坐标变换对电动机定子电流的相位进行控制,使之满足一定的条件,以消除转矩电流过渡过程中的波动。因此,矢量控制方式在输出特性方面能得到很大的改善。但是,这种控制方式属于闭环控制方式,需要在电动机上安装速度传感器,应用范围受到限制。

(四)直接转矩控制变频器

直接转矩控制是继矢量控制变频调速技术之后的一种新型的交流变频调速技术。它是利用空间电压矢量 PWM(SVPWM)通过磁链、转矩的直接控制,确定逆变器的开关状态来实现的。直接转矩控制还可用于普通的 PWM 控制,实现开环或闭环控制。

四、按功能分类

(一)恒转矩变频器

恒转矩变频器控制的对象具有恒转矩特性,在转速精度及动态性能等方面要求一般不高。当用变频器实现恒转矩调速时,必须加大电动机和变频器的容量,以提高低速转矩。恒转矩变频器主要应用于挤压机、搅拌机、传送带、提升机等。

(二)平方转矩变频器

平方转矩变频器控制的对象,在过载能力方面要求较低。由于负载转矩与转速的平方成正比,所以低速运行时负载较轻,并有节能的效果。平方转矩变频器主要应用于风机、泵类。

五、按用途分类

(一)通用变频器

通用变频器是指能与普通的笼型异步电动机配套使用,能适应各种不同性质的负载,并具有多种可供选择的功能的变频器。

(二)高性能专用变频器

高性能专用变频器主要应用于对电动机的控制要求较高的系统。与通用变频器相比,高性能专用变频器大多数采用矢量控制方式,驱动对象通常是变频器厂家指定的专用电动机。

(三)高频变频器

在超精密加工和高性能机械中,常常要用到高速电动机。为了满足这些高速电动机的驱动要求,出现了采用 PAM 控制方式的高频变频器,其输出频率可达到 3 kHz。

六、按输入电源的相数分类

(一)单相变频器

单相变频器又称为单进三出变频器,变频器的输入侧为 200 V 或 380 V 交流电,输出侧是三相交流电。家用电器里的变频器均属于此类,通常容量较小。

单相变频器框图如图 1-5 所示。

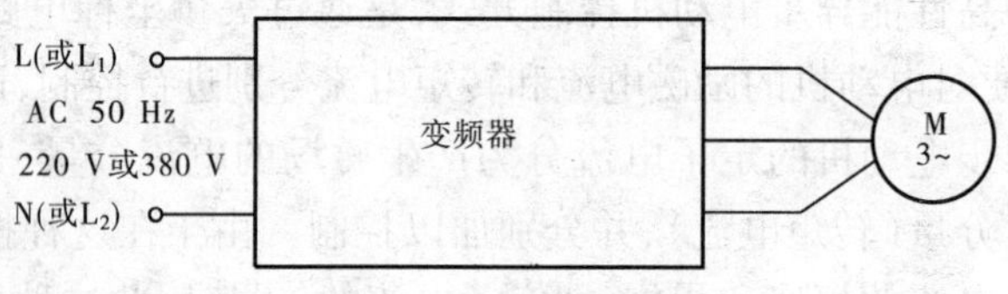

图 1-5　单相变频器

(二)三相变频器

三相变频器又称为三进三出变频器,变频器的输入侧和输出侧都是三相交流电。绝大多数变频器都属于此类。

三相变频器框图如图 1-6 所示。

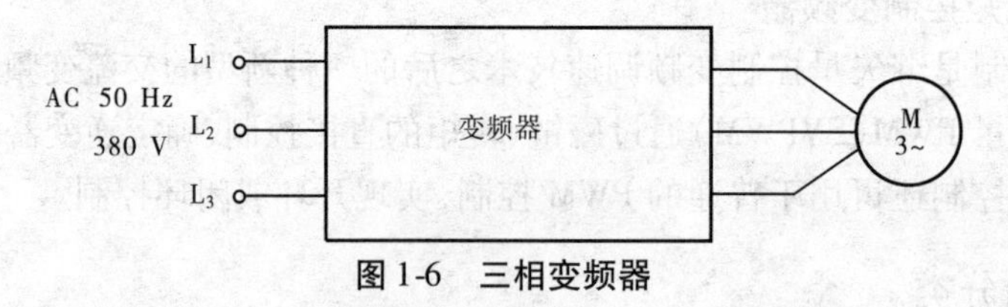

图 1-6　三相变频器

变频器的主控器件及保护

一、变频器的主控器件

电力电子器件是变频器的主控器件,常见的有不可控器件、半控型器件、全控型器件。

电力电子器件分类树如图 1-7 所示。

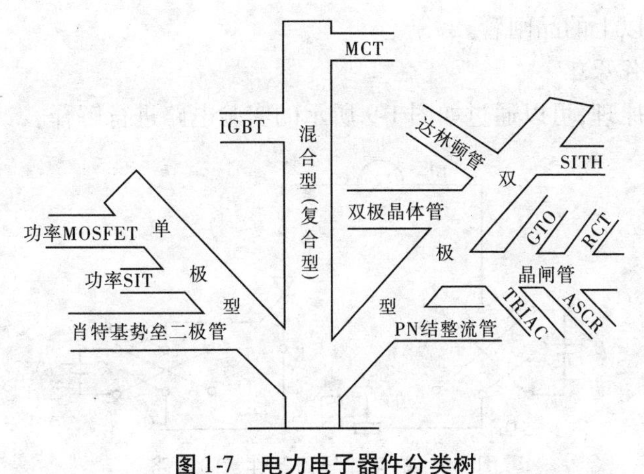

图 1-7 电力电子器件分类树

(一)晶闸管

晶闸管又称晶体闸流管或可控硅整流器 SCR,包括普通晶闸管、快速晶闸管、逆导晶闸管、双向晶闸管、可关断晶闸管和光控晶闸管。通常所称晶闸管往往专指晶闸管的一种基本类型——普通晶闸管。

1. 晶闸管的结构

晶闸管的内部结构、外形和电气图形符号如图 1-8 所示。

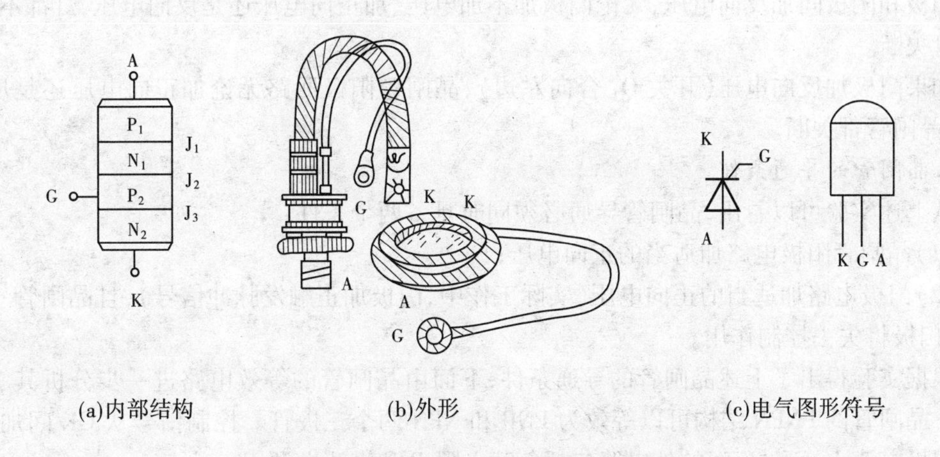

图 1-8 晶闸管的内部结构、外形和电气图形符号

晶闸管的内部结构见图 1-8(a)。它是 PNPN 四层半导体结构,分别标为 P_1、N_1、P_2、N_2 四个区,具有 J_1、J_2、J_3 三个 PN 结。

应用时常见的大功率晶闸管有螺栓型和平板型两种封装。在图 1-8(b)中,晶闸管从外形上看有三个引出电极:阳极 A、阴极 K 和门极(控制端)G。图 1-8(c)为晶闸管的电气图形符号。

对于螺栓型封装,通常螺栓是其阳极 A,能与散热器紧密连接且安装方便,粗辫子引线是阴极 K,细辫子引线是门极 G。其一般只适用于额定电流小于 200 A 的晶闸管。

平板型晶闸管又分为凸台形和凹台形。对于凹台形的晶闸管,夹在两台面中间的金属引出端为门极,距离门极近的台面是阴极,距离门极远的台面是阳极。平板型封装一般用于额定电流为 200 A 以上的晶闸管。

2. 晶闸管的工作原理

晶闸管的工作原理,可以通过如图 1-9 所示的实验电路进行解释。

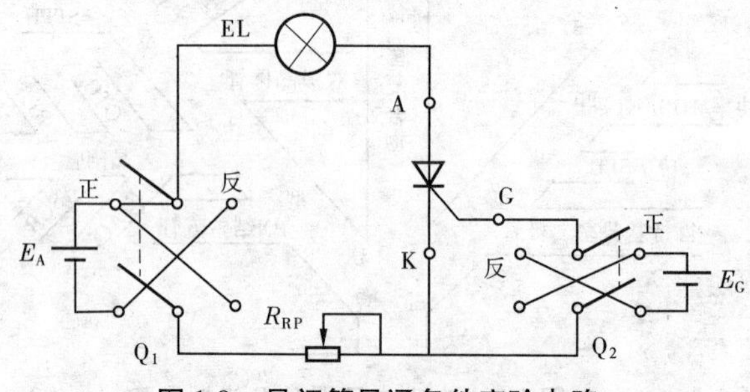

图 1-9 晶闸管导通条件实验电路

当 Q_1 合向左边时,晶闸管阳极经灯泡接直流电源的正极,阴极接电源的负极,此时晶闸管承受正向电压。若门极电路中开关 Q_2 合向左边(门极加反向电压)或断开(不加电压),灯不亮,说明晶闸管不导通;而若 Q_2 合向右边(门极加正向电压),灯亮,说明晶闸管导通。

晶闸管导通后,如果去掉控制极上的电压,即将图 1-9 中的开关 Q_2 断开,灯仍然亮,这表明晶闸管继续导通。即晶闸管一旦导通后,控制极就失去了控制作用。

当 Q_1 合向右边时,晶闸管阳极经灯泡接直流电源的负极,阴极接电源的正极,此时晶闸管的阳极和阴极间加反向电压,无论门极加不加电压、加正向电压还是反向电压,灯都不亮,晶闸管关断。

如果门极加反向电压(开关 Q_2 合向左边),晶闸管阳极回路无论加正向电压还是反向电压,晶闸管都关断。

3. 晶闸管的导通条件

从上述实验可以看出,晶闸管导通必须同时具备两个条件:

(1)晶闸管阳极电路加适当的正向电压;

(2)门极电路加适当的正向电压(实际工作中,门极加正触发脉冲信号),且晶闸管一旦导通,门极将失去控制作用。

根据实验得出了上述晶闸管的导通条件,下面由晶闸管的等效电路进一步分析其工作原理。晶闸管的 PNPN 结构可以等效为 PNP 和 NPN 两个三极管。控制信号从 GK 间加入,形成门极电流 I_G,而 AK 间的外电路包括负载电阻 R 和直流电源 E_A。

晶闸管的双晶体管模型可以用一对互补三极管代替晶闸管的等效电路来解释,如图 1-10所示。

按照上述等效原则,可将图 1-10(a)中的结构图改画为图 1-10(b)中的电路图,并用 V_1 和 V_2 管代替晶闸管。

在晶闸管承受反向阳极电压时,V_1 和 V_2 处于反向状态,是无法工作的,所以无论有没有门极电压,晶闸管都不能导通。只有在晶闸管承受正向电压时,V_1 和 V_2 才能得到正确接法的工作电源,同时为使晶闸管导通必须使承受反向电压的 J_2 结失去阻挡作用。

由图 1-10(b)可清楚地看出,每个晶体管的集电极电流同时又是另一个晶体管的基极电流,即有 $I_{C2}=I_{B1}$,$I_G+I_{C1}=I_{B2}$。在满足上述条件的前提下,再合上开关 S,于是门极就注

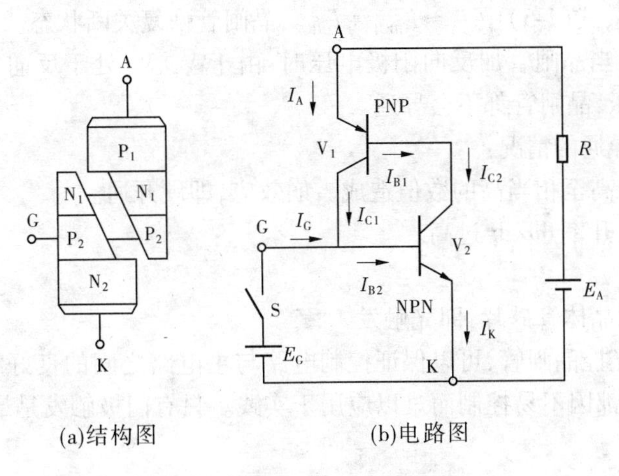

(a)结构图　　(b)电路图

图 1-10　晶闸管的双晶体管模型

入触发电流 I_G,并在晶体管内部形成了强烈的正反馈过程:

$$I_G\uparrow \rightarrow I_{B2}\uparrow \rightarrow I_{C2}(=\beta_2 I_{B2})\uparrow \rightarrow I_{B1}\uparrow \rightarrow I_{C1}(=\beta_1 I_{B1})\uparrow$$

从而使 V_1、V_2 迅速饱和,即晶闸管导通。而对于已导通的晶闸管,若去掉门极触发电流,由于晶闸管内部已形成了强烈的正反馈,所以它仍会维持导通。

若把 V_1、V_2 两管看成广义节点,且设晶闸管的阳极电流为 I_A,阴极电流为 I_K,则可根据节点电流方程,列出如下电流方程

$$I_{C1} = \alpha_1 I_A + I_{CBO1} \tag{1-1}$$

$$I_{C2} = \alpha_2 I_K + I_{CBO2} \tag{1-2}$$

$$I_K = I_A + I_G \tag{1-3}$$

$$I_A = I_{C1} + I_{C2} \tag{1-4}$$

式中:α_1 和 α_2 分别是晶体三极管 V_1 和 V_2 的共基极电流增益;I_{CBO1} 和 I_{CBO2} 分别是 V_1 和 V_2 的共基极漏电流。

由式(1-1)~式(1-4)可得

$$I_A = \frac{\alpha_2 I_G + I_{CBO1} + I_{CBO2}}{1-(\alpha_1+\alpha_2)} \tag{1-5}$$

4. 晶闸管的工作状态

晶闸管的特性为:在低发射极电流下,电流放大系数 α 很小,而当发射极电流建立起来之后,α 迅速增大。可以由此来说明晶闸管的几种工作状态:

(1)正向阻断。在晶闸管加正向电压 E_A,且其值不超过晶闸管的额定电压,门极未加电压的情况下,即 $I_G=0$ 时,正向漏电流 I_{CBO1} 和 I_{CBO2} 很小,所以 $\alpha_1+\alpha_2$ 很小,式(1-5)中的 $I_A \approx I_{CBO1}+I_{CBO2}$。

(2)触发导通。加正向电压 E_A 的同时加正向门极电压 E_G,当门极电流 I_G 增大到一定程度,发射极电流也增大,$\alpha_1+\alpha_2$ 增大到接近于 1 时,I_A 将急剧增大,晶闸管处于饱和导通状态,I_A 的值实际由外电路决定。

(3)晶闸管关断。当流过晶闸管的电流 I_A 降低至小于维持电流 I_H 时,α_1 和 α_2 迅速下

降，使得 $\alpha_1+\alpha_2$ 很小，式(1-5)中 $I_A\approx I_{CBO1}+I_{CBO2}$，晶闸管恢复关断状态。

(4)反向阻断。当晶闸管加反向阳极电压时，由于 V_1、V_2 处于反向状态，不能工作，所以无论有无门极电压，晶闸管都不会导通。

其他几种可能导通的情况：

(1)阳极电压升高至相当高的数值造成雪崩效应，即硬开通。

(2)阳极电压上升率 du/dt 过高。

(3)结温较高。

(4)光直接照射晶体管硅片，即光触发。

光触发除用于光控晶闸管，可以保证控制电路与主电路之间的良好绝缘而应用于高压电力设备中外，其他都因不易控制而难以应用于实践。只有门极触发是最精确、迅速而可靠的控制手段。

(二)功率晶体管

功率晶体管(简称 GTR)也称为电力晶体管 PTR，是一种具有发射极 E、基极 B、集电极 C 的耐高电压、大电流的双极型晶体管，有 NPN 和 PNP 两种结构，故又称为双结型晶体管(简称 BJT)。它既有晶体管的固有特性，又扩大了功率容量，缺点是耐冲击能力差，易受二次击穿而损坏。

GTR 是一种双极型半导体器件，即其内部电流由电子和空穴两种载流子形成。在电力电子电路中主要采用 NPN 结构。为了提高 GTR 的耐压性，一般采用 NPνN 三重扩散结构，如图 1-11 所示。

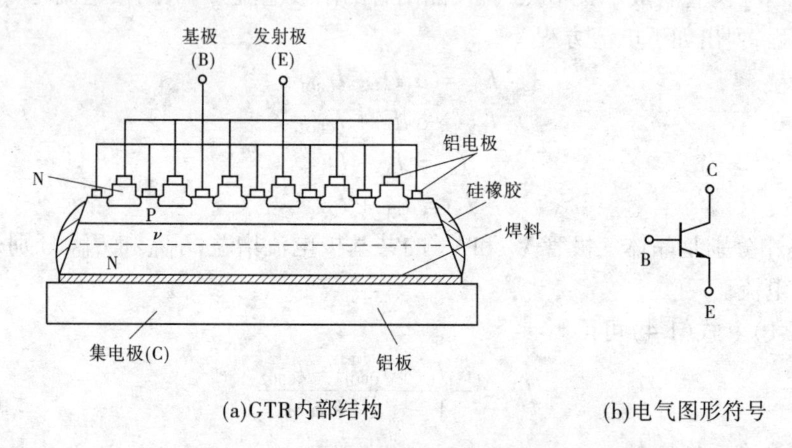

图 1-11　GTR 内部结构与电气图形符号

(三)功率场效应晶体管

功率场效应晶体管(简称功率 MOSFET)，与小功率场效应晶体管(简称 FET)一样，也分为结型和绝缘栅型两种，但通常主要指绝缘栅型中的 MOS 型。结型场效应晶体管一般称为静电感应晶体管(简称 SIT)。功率 MOSFET 是一种单极型电压控制器件，用栅极电压来控制漏极电流，驱动电路简单，需要的驱动功率小，开关速度快，工作频率高，热稳定性优于 GTR，但电流容量小、耐压低，一般只适用于功率不超过 10 kW 的电力电子装置。

功率 MOSFET 按导电沟道可分为 P 沟道型和 N 沟道型，每一类又可分为增强型和耗尽型两种。N 沟道型中主要载流子是电子，P 沟道型中主要载流子是空穴。

功率 MOSFET 的漏极 D、栅极 G 和源极 S 分别类似于晶体管中的集电极、基极和发射极。几种常用的功率 MOSFET 的外形如图 1-12 所示。

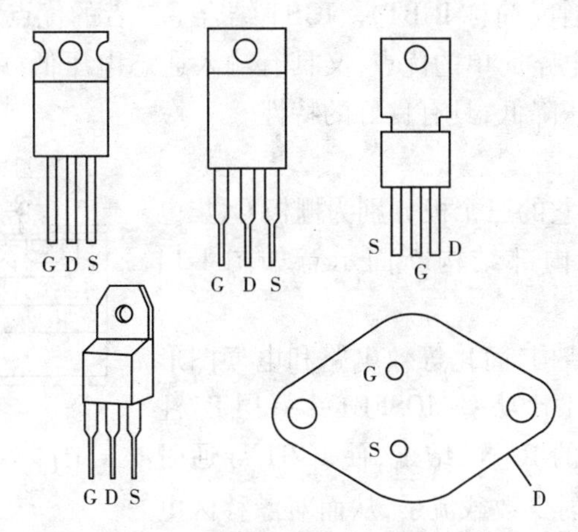

图 1-12　几种功率 MOSFET 的外形

功率 MOSFET 的结构和电气图形符号如图 1-13 所示。

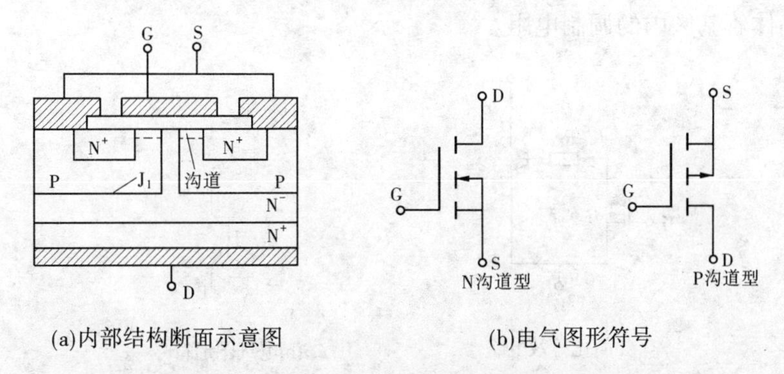

(a)内部结构断面示意图　(b)电气图形符号

图 1-13　功率 MOSFET 的结构和电气图形符号

功率 MOSFET 主要利用栅源电压的大小来改变半导体表面感生电荷的大小，从而控制漏极电流的大小。其工作过程可分为如下两个阶段。

1. 关断

在漏源极间加正向电压（漏极为正，源极为负），$U_{GS}=0$ 时，P 基区与 N 漂移区之间形成的 PN 结 J_1 反偏，漏源极之间无电流流过。

2. 导通

在栅源极间加正向电压 U_{GS}，由于栅极是绝缘的，所以不会有栅极电流流过，但栅极的正电压会将其下面 P 区中的空穴推开，而将 P 区中的少数载流子——电子吸引到栅极下面的 P 区表面。当 U_{GS} 大于 U_T（开启电压或阈值电压）时，栅极下 P 区表面的电子浓度将超过空穴浓度，使原本空穴多的 P 型半导体反型成电子多的 N 型半导体而成为反型层，该反型层形成电子浓度很高的导电沟道——N 沟道，而使 PN 结 J_1 消失，漏极和源极导电。U_{GS} 超过 U_T 越多，导电能力越强，漏极电流越大。

（四）绝缘栅双极晶体管

GTR 是双极型电流驱动器件，有电导调制效应、通流能力很强等特点，但开关速度较低、所需驱动功率大、驱动电路复杂。MOSFET 是单极型电压驱动器件,优点是开关速度快、输入阻抗高、热稳定性好、所需驱动功率小且驱动电路简单。这两类器件取长补短复合而成的器件即绝缘栅双极晶体管(简称 IGBT)。IGBT 结合了二者的优点,既具有输入阻抗高、速度快、热稳定性好和驱动电路简单的优点,又具有输入通态电压低、耐压高和承受电流大的优点,驱动功率小而饱和压降低,具有良好的特性。

1. IGBT 的结构

IGBT 也是三端器件,它的三个极分别为栅极 G、集电极 C 和发射极 E。IGBT 内部结构断面示意如图 1-14 所示。

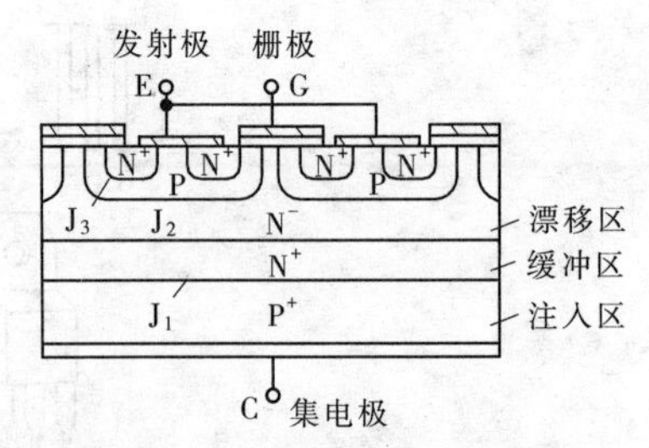

图 1-14　IGBT 内部结构断面示意

IGBT 也是多元集成结构,简化等效电路和电气图形符号如图 1-15 所示。IGBT 比功率 MOSFET 多一层 P^+ 注入区,形成了一个大面积的 P^+N^+ 结 J_1,使 IGBT 导通时由 P^+ 注入区向 N 基区发射少数载流子,从而对漂移区电导率进行调制,使得 IGBT 具有很强的通流能力。简化等效电路表明,IGBT 是 GTR 与 MOSFET 组成的达林顿结构,见图 1-15(a),主要是一个由 MOSFET 驱动的厚基区 PNP 复合管,其中 R_N 为晶体管基区内的调制电阻。

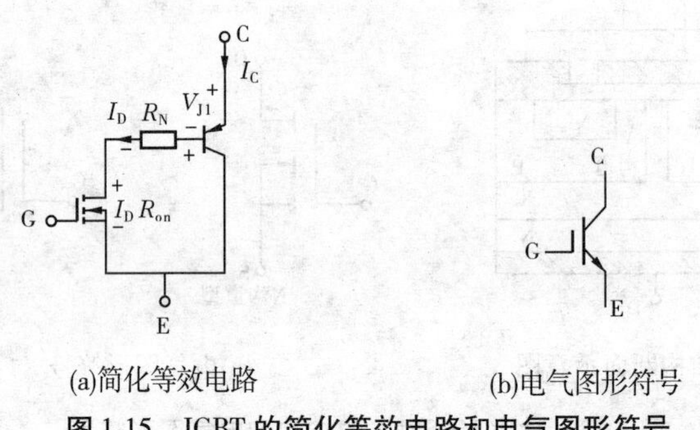

(a)简化等效电路　　(b)电气图形符号

图 1-15　IGBT 的简化等效电路和电气图形符号

2. IGBT 的工作原理

IGBT 的驱动原理与功率 MOSFET 基本相同,它是场控器件,通断由栅射极电压 u_{GE} 决定。给栅极施加正向电压后,MOSFET 导通,从而给 PNP 晶体管提供了基极电流,使其导通。给栅极施加反向电压后,MOSFET 关断,使 PNP 晶体管基极电流为零而截止。其具体工作过程如下:

(1)导通。u_{GE} 大于开启电压 $U_{GE(th)}$ 时,MOSFET 内形成沟道,为晶体管提供基极电流,IGBT 导通。此时由于电导调制效应,电阻 R_N 减小,使高耐压的 IGBT 也有低的通态压降。

(2)关断。栅射极间施加反向电压或不加电压时,MOSFET 内的沟道消失,晶体管的基极电流被切断,IGBT 关断。

(五)MOS 控制晶闸管

MOS 控制晶闸管(简称 MCT),是将 MOSFET 与晶闸管复合而得到的器件,即在晶闸管结构中引进一对 MOSFET 管,通过这一对 MOSFET 管来控制晶闸管的导通和关断。MCT 把 MOSFET 的高输入阻抗、低驱动功率、快速的开关过程与晶闸管的高电压大电流、低导通压降的特点相结合,构成大功率、快速的全控型电力电子器件。

1. MCT 的结构与工作原理

MCT 的结构如图 1-16 所示。

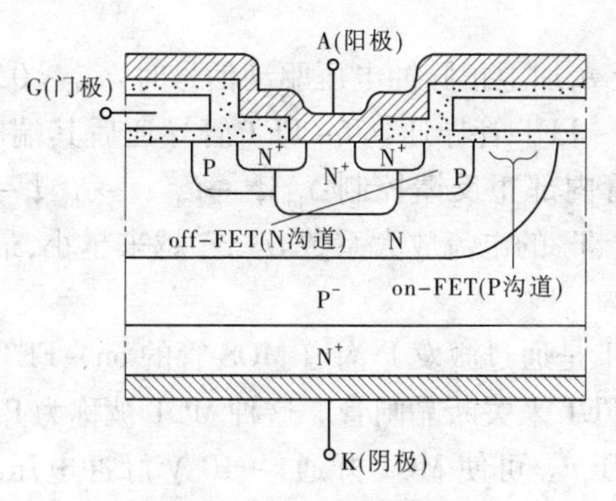

图 1-16　MCT 的结构

MCT 是采用集成电路工艺制成的,一个 MCT 器件由数以万计的 MCT 元组成,每个 MCT 元的组成为:一个 PNPN 晶闸管,一个控制该晶闸管导通的 MOSFET 和一个控制该晶闸管关断的 MOSFET。MCT 是在 PNPN 四层晶闸管(SCR)结构中集成了一对 MOSFET 开关,通过 MOSFET 来控制 SCR 的导通和关断。

IGBT 是 MOSFET 与双极结型晶体三极管的复合结构,由前级 MOS 管控制双极结型晶体三极管,而 MCT 是在晶闸管结构中引进一对 MOSFET 管构成的,通过这一对 MOSFET 管来控制晶闸管的导通和关断。

如图 1-17 所示为 MCT 的等效电路和电气图形符号,T_1、T_2 为构成晶闸管的两个三极管。

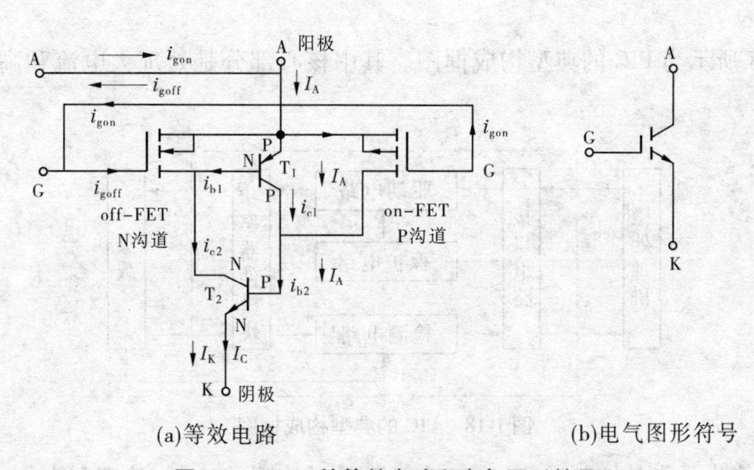

图 1-17　MCT 的等效电路和电气图形符号

2. MCT 的工作原理

在图 1-17(a)中,当正电压加在 MCT 阳极 A、阴极 K 之间时,如果门极 G 相对于阳极 A 加负脉冲电压驱动信号,$u_{AG}>0$,则 i_{gon} 向 P 沟道 MOS 管提供驱动信号,P 沟道的 on-FET 管导通,为 T_2 提供基极电流,从而引发 T_1、T_2 管内部的正反馈机制:u_{AG} 使 $i_{b2}\uparrow\rightarrow i_{c2}\uparrow\rightarrow I_K\approx I_A\uparrow\rightarrow i_{b1}\uparrow\rightarrow i_{c1}\uparrow\rightarrow i_{b2}\uparrow$。随着 I_A 的增大,电流放大系数越来越大,最终导致 MCT 从断态转入通态。MCT 中晶闸管部分一旦导通,其通道电阻(T_1 的等效电阻)要比 on-FET

的导通电阻小得多,因此主电流由晶闸管 T_1、T_2 承担,on FET 管只起最初引发晶闸管电流正反馈机制的作用。一旦晶闸管导通后,撤除 on - FET 的外加门极控制电压 u_{AG},MCT 仍继续导通。

当门极 G 相对于阳极 A 加上正脉冲电压驱动信号时,$u_{AG}<0$,i_{goff}向 N 沟道 MOS 管提供驱动信号,使 N 沟道的 off - FET 管导通,off - FET 管导通后其端电压变小,使 T_1 管基极电流减小,从而引发 T_1、T_2 管内部正反馈控制:$i_{b1}\downarrow\rightarrow i_{c1}\downarrow\rightarrow i_{b2}\downarrow\rightarrow I_K\approx I_A\downarrow\rightarrow i_{c2}\downarrow\rightarrow i_{b1}\downarrow$。随着 I_A、I_C 的不断减小,T_1、T_2 的电流放大系数 α_1、α_2 越来越小,最终导致 MCT 从通态转入断态。

由上述分析可知,MCT 是通过激发 P 沟道 MOS 管的 on - FET 来导通晶闸管的,通过激发 N 沟道 MOS 管的 off - FET 来关断晶闸管。这种 MCT 被称为 P - MCT。对于 P - MCT,一般 -5 ~ -15 V 的脉冲电压 u_{AG}可使 MCT 开通, +10 V 脉冲电压 u_{AG}可使 MCT 关断。MCT 的静态特性与晶闸管一样,但它是一种新型的场控器件,其触发驱动电路要比可关断晶闸管 GTO 简单得多。此外,其通态压降低(与晶闸管相同,比 GTR、IGBT 小),开关速度比 GTO 快(比 IGBT 慢),且结温可高达 200 ℃。

(六)功率集成电路

将多个器件封装在一个模块中,称为功率模块。功率集成电路(简称 PIC),是将输出的功率器件及其驱动电路、保护电路和接口电路等外围电路集成在一个或几个芯片上形成的。功率集成电路是电力半导体技术与微电子技术结合的产物,实现了电能和信息的集成,成为机电一体化的理想接口。

应用 PIC 技术可缩小装置体积、降低成本、提高可靠性。对工作频率高的电路,可大大减小线路电感,从而简化对保护和缓冲电路的要求。PIC 的功率一般必须大于 1 W(或 2 W)。

如图 1-18 所示为 PIC 的典型构成框图。其中核心部分是处理大电流和高电压的功率器件模块。

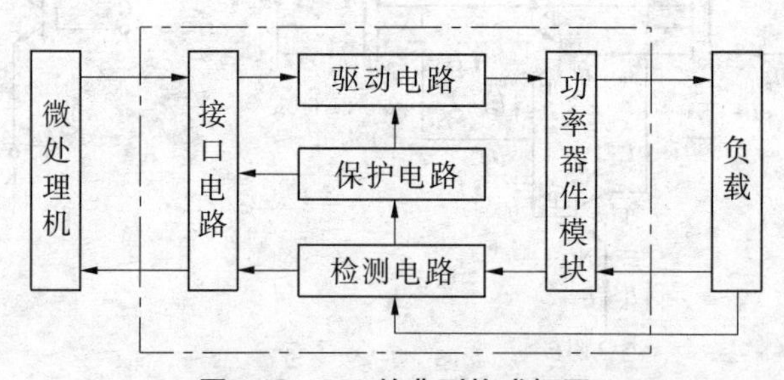

图 1-18 PIC 的典型构成框图

PIC 的智能化是指其控制功能、接口功能以及对故障的诊断、处理和自保护功能,具备这些功能的 PIC 称为智能功率集成电路(SPIC)。由于智能功率集成电路都包含在单一的封装中,因此具有体积小、可靠性高、使用方便等优点。

功率控制功能、传感与保护功能和接口功能是 SPIC 的三个基本功能。SPIC 的构成框图如图 1-19 所示。

SPIC 的功率控制部分具有处理高电压、大电流的能力。其驱动电路一般被设计成能在直流 30 V 下工作,这样才能对 MOS 器件的栅极提供足够的电压,且必须能使控制信号传递

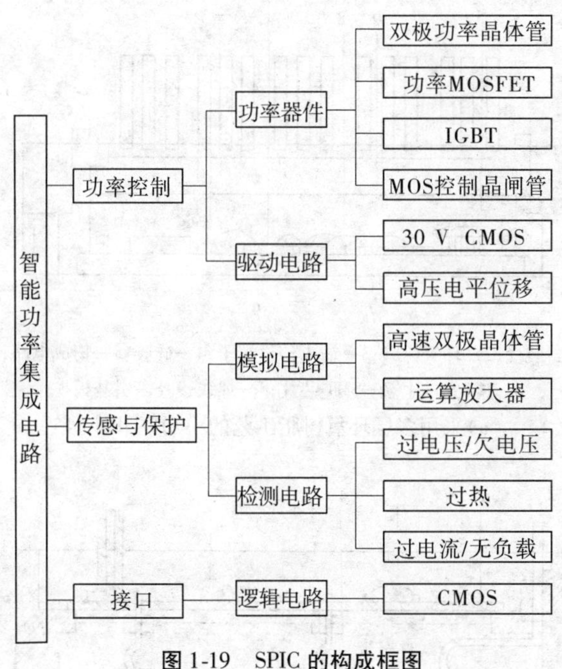

图 1-19　SPIC 的构成框图

到高压侧。

SPIC 的传感与保护电路一般是通过含有高频双极型晶体管的反馈电路来完成的。由于在发生故障期间系统电流以很快的速度增加，所以反馈环路的响应时间对于良好的关断性能是很关键的，因此这一部分需要由高性能模拟电路来实现。

SPIC 的接口功能是通过能完成编码和译码操作的逻辑电路来实现的。芯片不仅需要对微处理器发送的信号作出反应，而且还应能够传送与工作状态或负载监测有关的信息，如过热、无负载或短路等。

（七）智能功率模块

随着 IGBT 在工作频率为 20 kHz 的硬开关及更高的软开关中的应用，IGBT 逐渐取代了 MOSFET 和 GTR。IGBT 的发展使外围电路内置于一块功率模块的 IPM 脱颖而出。智能功率模块（Intelligent Power Module，简称 IPM）是 SPIC 的一种类型，它由高速低工耗的管芯和优化的门级驱动电路以及快速保护电路构成。它不仅把功率开关器件和栅极驱动电路集成在一起，而且还有过电压、过电流、过热、欠压等故障检测电路，并可将检测信号送到 CPU 或 DSP 作中断处理。即使发生负载事故或使用不当，也可以保证 IPM 自身不受损坏。通常 IPM 采用高速度、低功耗的 IGBT 作为功率开关器件，并封装电流传感器及驱动电路。IPM 以其高可靠性、使用方便等优点占有越来越大的市场份额，尤其适合制作驱动电动机的变频器，已被用于无噪声逆变器、低噪声 UPS 系统和伺服控制器等设备上。

IPM 有两种类型，如图 1-20 所示。一种是小功率 IPM，采用一种基于多层环氧树脂黏合的绝缘技术，见图 1-20（a）；另一种是大功率 IPM，采用陶瓷绝缘和铜箔直接铸接工艺，见图 1-20（b）。

如图 1-21 所示，IPM 有四种电路形式：单元封装 H 型、双管封装 D 型、六合一封装 C 型和七合一封装 R 型。

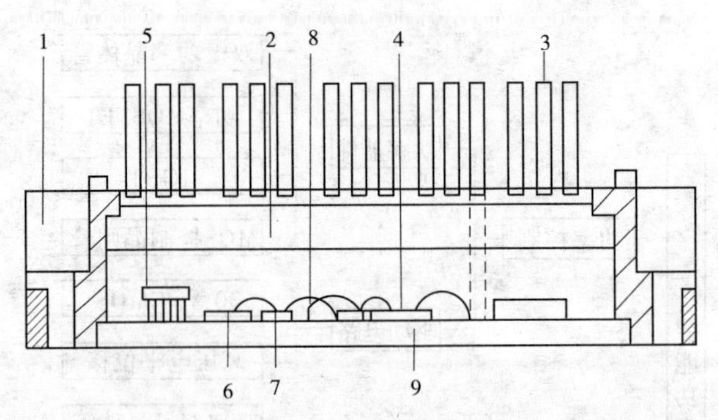

1—封装盒;2—环氧树脂;3—输入信号端子;4—硅胶;5—集成电路;

6—IGBT 芯片;7—SMT 芯片;8—焊线;9—多层基板

(a)采用多层环氧树脂工艺的小功率 IPM

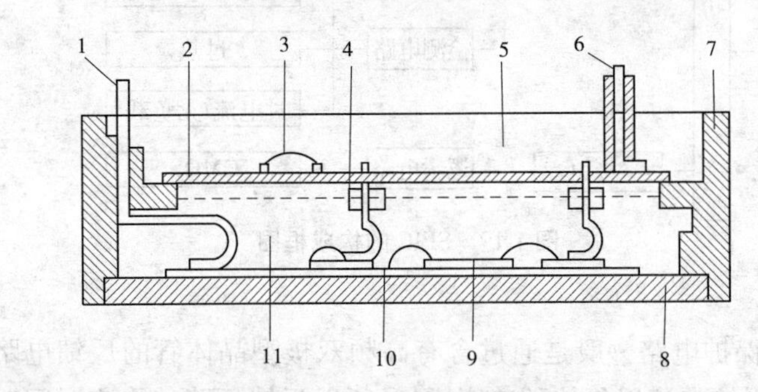

1—电源端子;2—采用特殊防护层的多层结构;3—集成电路;4—内连线;5—环氧树脂;

6—信号端子;7—密封盒;8—基板;9—IGBT 芯片;10—陶瓷基板;11—硅胶

(b)采用陶瓷绝缘结构的大功率 IPM

图 1-20 IPM 的两种类型

二、主控器件的保护

与其他电子元器件相比,电力电子器件承受过电压、过电流的能力较差,能承受的电压上升率 du/dt、电流上升率 di/dt 也不高。在实际应用时,由于各种原因,总可能会发生过电压、过电流甚至短路等现象,若无保护措施,势必会损坏电力电子器件,或者损坏电路。因此,为了避免器件及线路出现损坏,除元器件的选择必须合理外,还需要采取必要的保护措施。

(一)晶闸管的保护

1. 过电流及其保护

当线路发生超载或短路等情况时,晶闸管的工作电流会超过允许值,形成过电流。此时,由于流过管内 PN 结的电流过大,热量来不及散发,使结温迅速升高,最后烧毁结层,造成晶闸管永久损坏。晶闸管承受过电流的能力较差,要在过电流还未造成晶闸管损坏之前,快速切断相应电路而消除过电流或对电流加以限制。晶闸管装置可采用的过电流保护措施如图 1-22 所示。

常采用的保护措施主要有以下几种:

(1)快速熔断器保护。快速熔断器简称为快熔。使用快熔是最简单有效的过电流保护

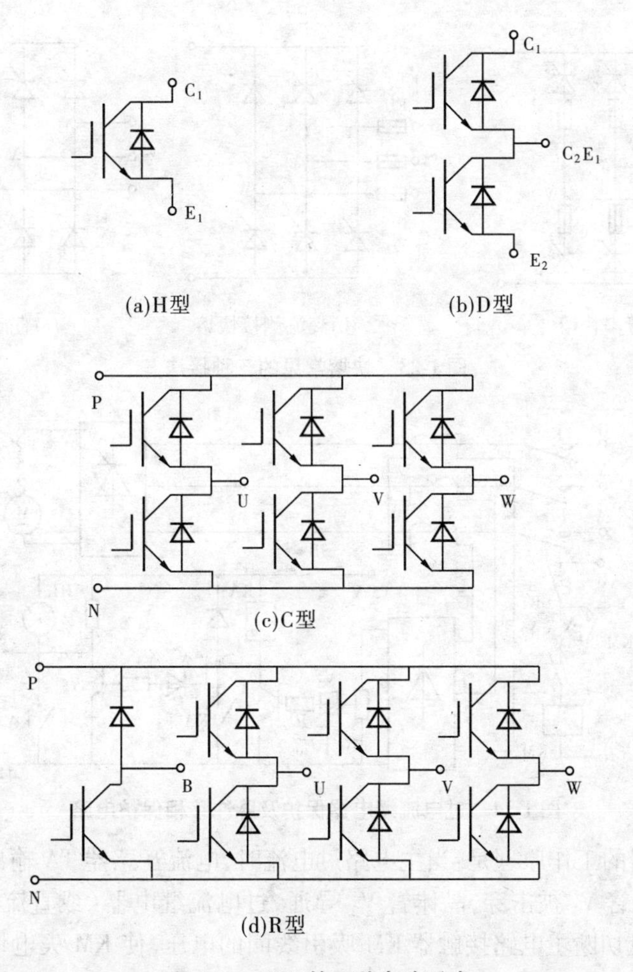

(a)H型　　　　(b)D型

(c)C型

(d)R型

图 1-21　IPM 的四种电路形式

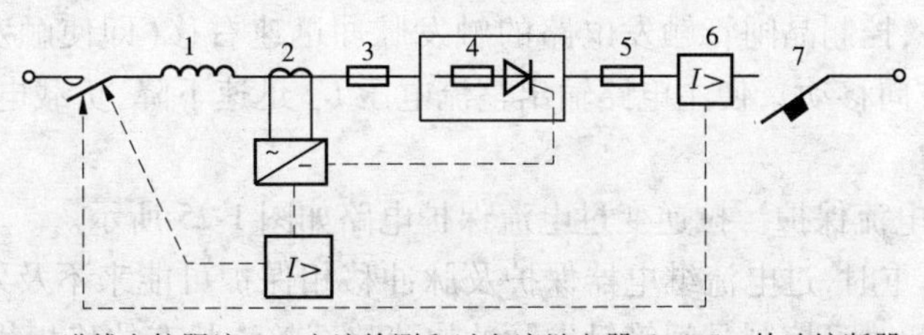

1—进线电抗限流;2—电流检测和过电流继电器;3、4、5—快速熔断器;
6—过电流继电器;7—直流快速断路器

图 1-22　晶闸管装置可采用的过电流保护措施

措施。可在晶闸管损坏之前快速切断短路故障。

如图 1-23 所示为快熔常见的三种接法。其中,图 1-23(a)所示为快熔串接于桥臂的接法,流过快熔的电流即为流过晶闸管的电流,使用的熔断器较多,但保护效果最好。图 1-23(b)、(c)所示的交流侧接快熔、直流侧接快熔这两种接法均比桥臂串快熔接法使用快熔的个数少,但保护效果不如桥臂串快熔的接法,所以较少采用。

(2)过电流继电器保护及脉冲移相保护。过电流继电器保护及脉冲移相保护电路如图 1-24所示。

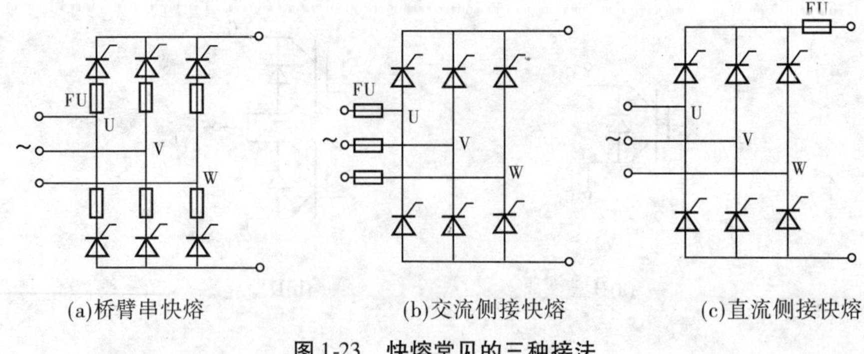

(a)桥臂串快熔　　(b)交流侧接快熔　　(c)直流侧接快熔

图 1-23　快熔常见的三种接法

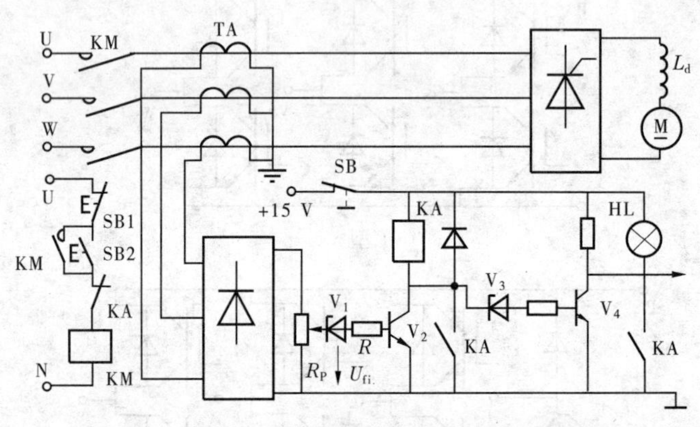

图 1-24　过电流继电器保护及脉冲移相保护电路

过电流继电器的工作原理是:当主电路过电流时,电流互感器 TA 输出的电流反馈信号电压 U_{fi}增大,稳压管 V_1 被击穿,晶体管 V_2 导通,过电流继电器(或直流快速灵敏继电器)KA 得电并自锁,且切断主电路接触器 KM 吸引线圈的电压,使 KM 失电切断主电路交流电源,以达到过电流保护的目的。另一方面,晶体管 V_2 导通,输出电压降低,导致 V_4 截止,V_4 集电极输出高电平,控制晶闸管触发电路的触发脉冲迅速右移(即使触发脉冲迅速往电流放大系数 α 增大方向移动),使主电路输出整流电压 U_d 迅速下降,负载电流也迅速减小,达到限流保护的目的。

(3)拉逆变过电流保护。拉逆变过电流保护电路如图 1-25 所示。

当过流故障严重时,过电流继电器保护及脉冲移相保护可能来不及发挥作用。为了尽快消除故障电流,此时可控制晶闸管触发脉冲快速移至整流状态的移相范围之外,使电路进入逆变状态,输出端瞬时出现负电压,迫使故障电流迅速下降到零,构成拉逆变保护。

(4)直流快速断路器保护。直流快速断路器是一种开关动作时间只有 2 ms、加上断弧时间也只有 25 ~30 ms 的开关器件。它可先于快熔而起保护作用,可用于经常出现直流侧负载发生短路的大容量变流装置中。但其价格昂贵,结构复杂,因而较少使用。

(5)进线电抗限流保护。在交流侧串接交流进线电抗器,或采用漏感较大的整流变压器来限制短路电流。这两种方法均有限流的效果,但大负载时交流压降大,因此一般以额定电压 3% 的压降来设计进线电抗值。

现在不少全控器件的集成驱动电路中已设计有能够检测自身过流状态而封锁驱动信号的装置,以实现过电流保护。以 IGBT 为例,其基本原理是在开关器件处于通态时,监测其

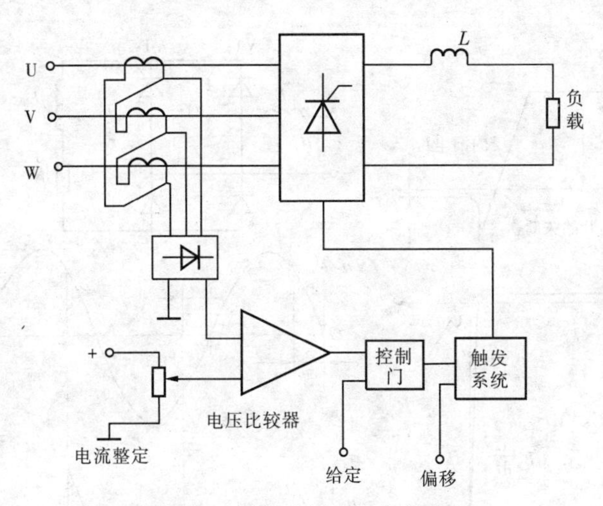

图 1-25　拉逆变过电流保护电路

集电极、发射极电压 U_{CE}，因集电极在过电流时，U_{CE} 也随之增大，一旦检测到过大的 U_{CE}，立即在驱动器内部阻断开通信号，使驱动器输出关断信号，关断开关管，切断短路或过电流电路。

2. 过电压及其保护

过电压就是超过了晶闸管正常工作时允许承受的最大电压。晶闸管对过电压很敏感。当正向电压超过其正向转折电压 U_{B0} 一定值时，就会造成晶闸管硬开通，使电路工作失常，严重的甚至损坏器件；当外加反向电压超过其反向击穿电压时，晶闸管会受反向击穿而损坏。

晶闸管的过电压保护措施如图 1-26 所示。

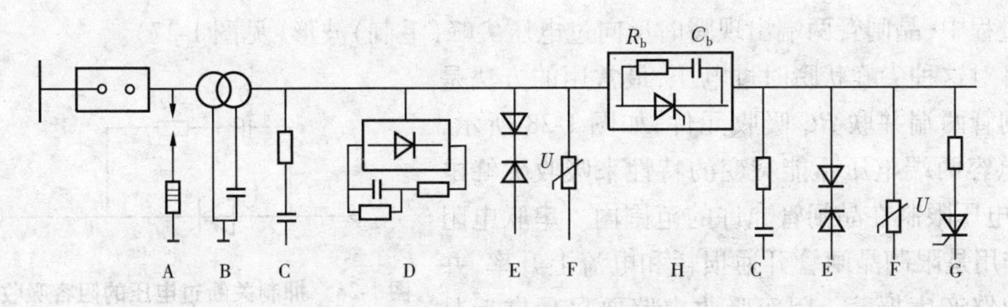

A—避雷器保护；B—接地电容保护；C—阻容保护；D—整流式阻容保护；E—硅堆保护；
F—压敏电阻保护；G—晶闸管泄能保护；H—换相过电压保护

图 1-26　晶闸管的过电压保护措施

1）晶闸管关断过电压及保护

晶闸管关断过电压波形如图 1-27 所示。

晶闸管从导通到关断时，因为有电感释放能量，所以会产生过电压。当关断过程中正向电流下降到零时，管芯内部仍残存着载流子，晶闸管仍未恢复阻断能力。在晶闸管承受反向电压而关断的过程中，当正向电流下降到零时，晶闸管内部各结层残存的载流子在反向电压作用下形成瞬间反向电流。这一反向电流消失速度 di/dt 很大，即使回路电流很小，也会在

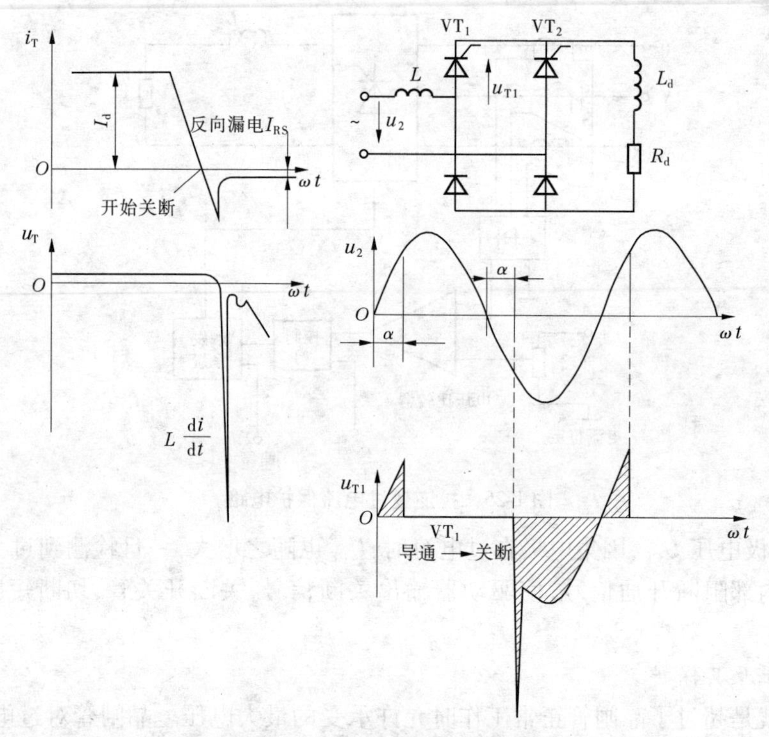

图 1-27　晶闸管关断过电压波形

电路的等效电感中产生很大的感应电动势，该电动势与外电压串联，反向加在正恢复阻断的晶闸管两端，形成瞬间过电压，可能会导致晶闸管的反向击穿。这种由于晶闸管关断过程引起的过电压，称为关断过电压，其峰值可达工作电压峰值的 5～6 倍。在单相半控桥晶闸管关断过程中，晶闸管两端出现瞬时反向过电压尖峰（毛刺）波形（见图 1-27）。

针对这种尖峰状瞬时过电压，最常用的方法是在晶闸管两端并联 *RC* 吸收元件，如图 1-28 所示，利用电容两端电压不能突变的特性来吸收尖峰电压，把电压限制在晶闸管允许的范围内。串联电阻 *R* 的作用是限制晶闸管开通损耗和电流上升率，并防止电路产生振荡。阻容吸收电路要尽量靠近晶闸管，引线要尽量短。

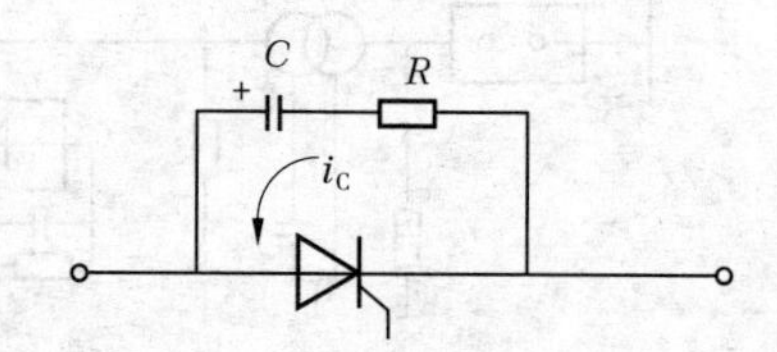

图 1-28　抑制关断过电压的阻容吸收电路

2）交流侧过电压及保护

交流侧过电压是指在接通或断开晶闸管整流电路的交流侧相关电路时所产生的过电压。这种过电压又分为以下几种情况，如图 1-29 所示。

(1)静电感应过电压（见图 1-29(a)）。高压电源供电的整流变压器，由于一次、二次绕组间存在分布电容，在一次侧开关 Q 合闸时，一次侧高电压经分布电容耦合而在二次侧产生过电压。

(2)断开相邻负载电流引起的过电压（见图 1-29(b)）。与晶闸管设备共享一台供电变压器的其他用电设备分断时，流过电路漏感的电流突然减小，变压器漏感和线路分布电感将释放储能产生感应电动势，与电源电压叠加施加于晶闸管设备上而形成过电压。

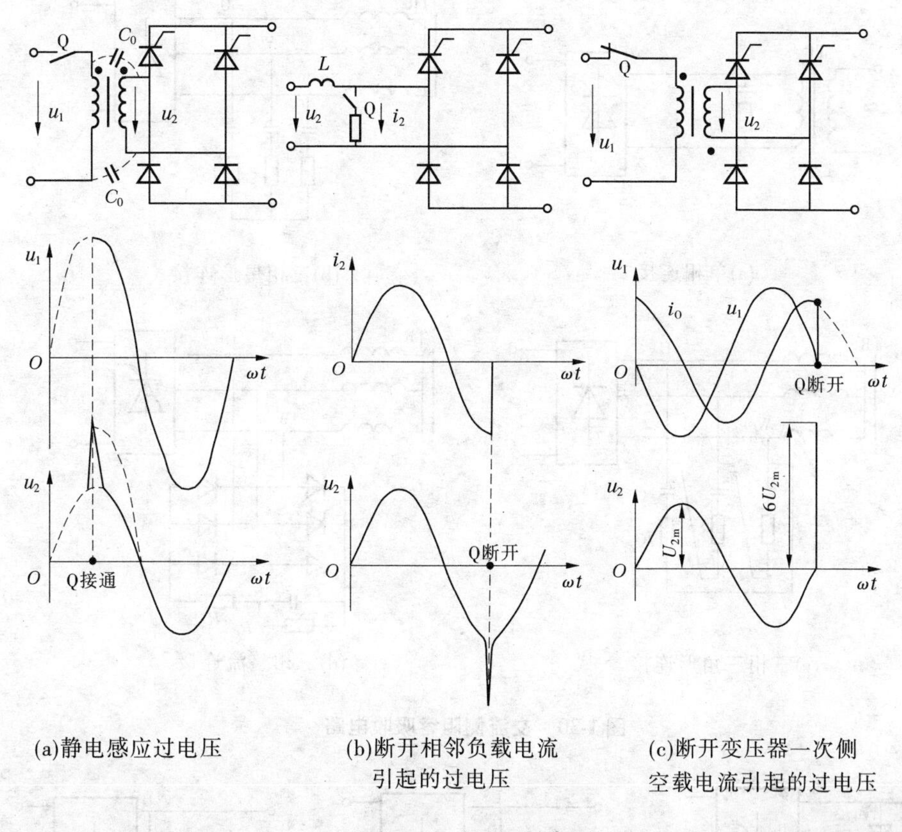

图 1-29　交流侧过电压

(3)断开变压器一次侧空载电流引起的过电压(见图 1-29(c))。整流变压器空载或负载阻抗较高时,若断开一次侧开关,由于电流突变,一次侧会产生很大的感应电动势,二次侧也会感应出很高的瞬时过电压,这种尖峰电压可达电源电压峰值的 6 倍以上。若这种断开操作发生在励磁电流峰值时刻(电源电压过零时),则过电压最高。

交流侧过电压都是瞬时的尖峰电压,一般来说,抑制这种过电压最有效的方法是并联阻容吸收电路,接法如图 1-30 所示。

其中,图 1-30(d)为整流式阻容吸收电路,与其他三种电路相比,这种电路只用了一个电容,而且电容只承受直流电压,故可采用体积小得多的电解电容。在晶闸管导通时,电容的放电电流也不流过晶闸管。

因雷击或从电网侵入高电压干扰引起的过电压称为浪涌过电压,浪涌过电压作用的时间长,能量大,上述阻容吸收电路抑制浪涌过电压的效果较差。因此,一般可采用阀型避雷器或具有类似稳压管稳压特性的硅堆或压敏电阻来抑制浪涌过电压。

硅堆就是成组串联的硅整流片。单相时用两组对接后再与电源并联,三相时用三组对接成星形或六组接成三角形,如图 1-31 所示。

压敏电阻是由氧化锌、氧化铋等烧结而成的金属氧化物非线性电阻,具有正反向都很陡的稳压特性,其伏安特性如图 1-32 所示。

正常电压作用下压敏电阻没有击穿,漏电流极小(微安级),故损耗很小;遇到过电压时,

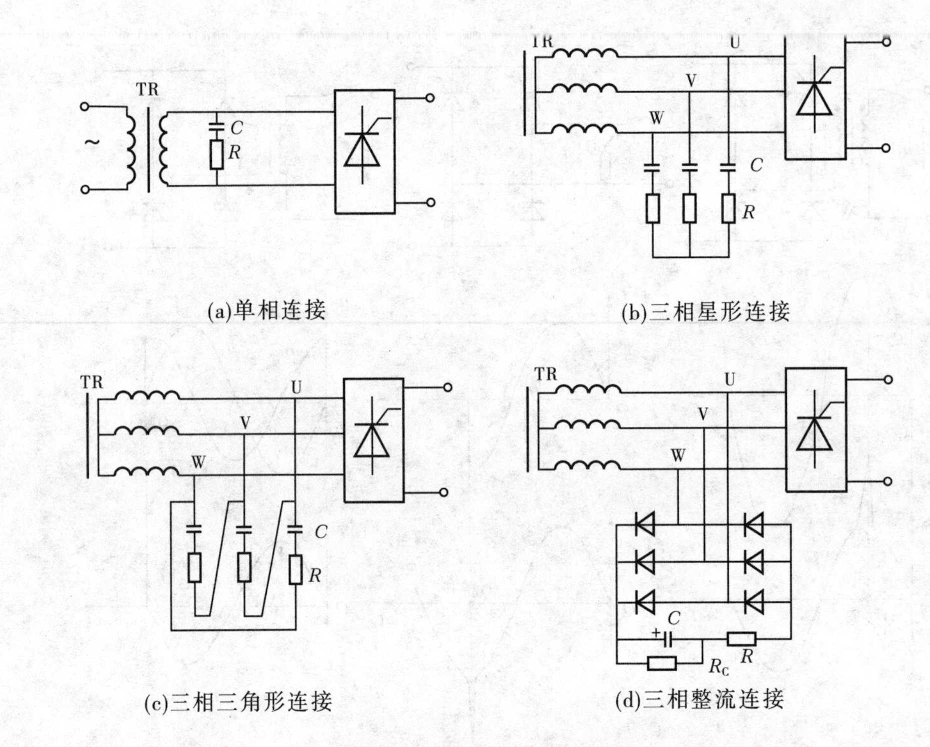

(a)单相连接　(b)三相星形连接
(c)三相三角形连接　(d)三相整流连接

图 1-30　交流侧阻容吸收电路

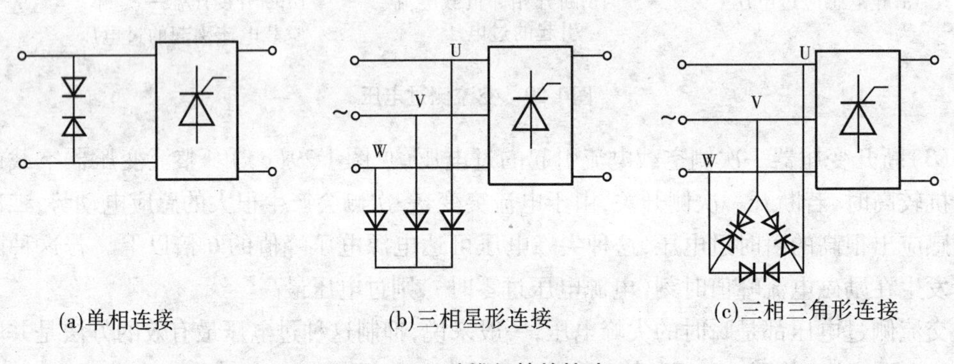

(a)单相连接　(b)三相星形连接　(c)三相三角形连接

图 1-31　硅堆保护的接法

可释放数千安培的放电电流,因而抑制过电压能力强。此外,压敏电阻反应快、体积小、价格便宜,正在受到广泛的应用。但压敏电阻本身热容量小,一旦工作电压超过其额定电压很快就会烧毁,而且每次通过大电流之后,其标称电压都有所下降,因此不宜用于频繁出现过电压的场合。图 1-33 所示为压敏电阻的几种接法。压敏电阻还可并联于整流输出端,作为直流侧过电压保护。

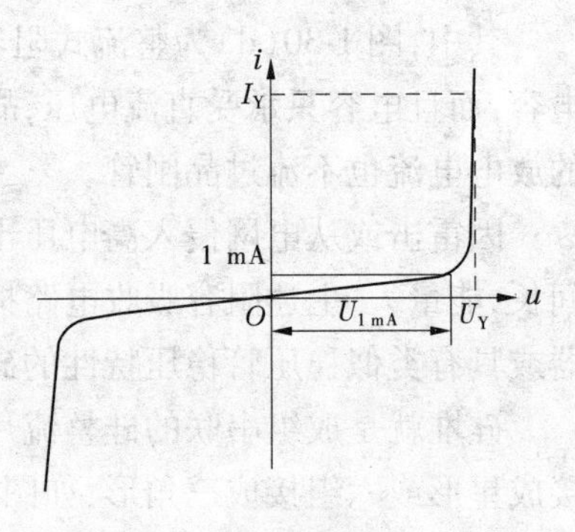

图 1-32　压敏电阻的伏安特性

3)直流侧过电压及保护

若直流侧是电感性负载,或者切断时的电流值大,在整流电路直流侧发生切除负载、快熔熔断、正在导通的晶闸管烧坏或开路等情况时,因为大电感储存的能量很大,就会在直流侧产生较大的浪涌过电压。抑制直流侧过电压的有效

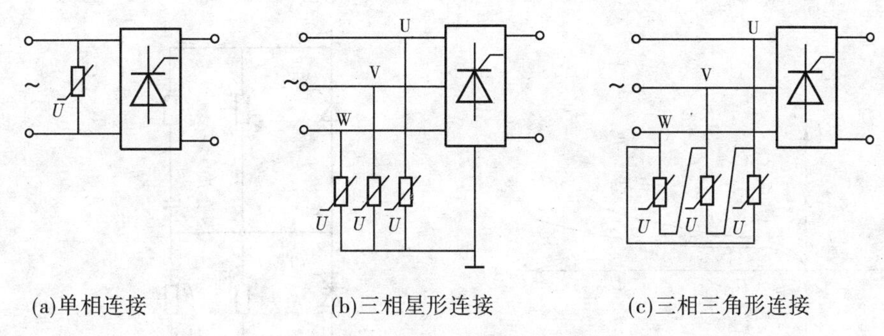

(a)单相连接　　(b)三相星形连接　　(c)三相三角形连接

图 1-33　压敏电阻的几种接法

办法是在直流负载两端并联压敏电阻或硅堆等来保护。

3. 正向电压上升率和正向电流上升率的抑制

1）正向电压上升率的抑制

限制电压变化率的措施有两种：第一种是给整流装置接上整流变压器，利用变压器漏感及晶闸管两端的阻容吸收电路的滤波特性，可以限制晶闸管的正向电压上升率 du/dt 不会太大。第二种是对于没有整流变压器而直接由电网供电的装置，可在交流电源输入端串接空心小电感（电感量为 20 ~ 30 μH），并加阻容吸收电路，构成滤波电路，从而用来限制正向电压上升率 du/dt 不致太大，如图 1-34 所示。

2）正向电流上升率 di/dt 的抑制

限制电流变化率的措施与限制电压变化率基本相同，主要有串接进线电感或桥臂电感，或采用如图 1-35 所示的整流式阻容电路，使电容放电电流不经过晶闸管。这两种方法都可抑制正向电流上升率 di/dt。

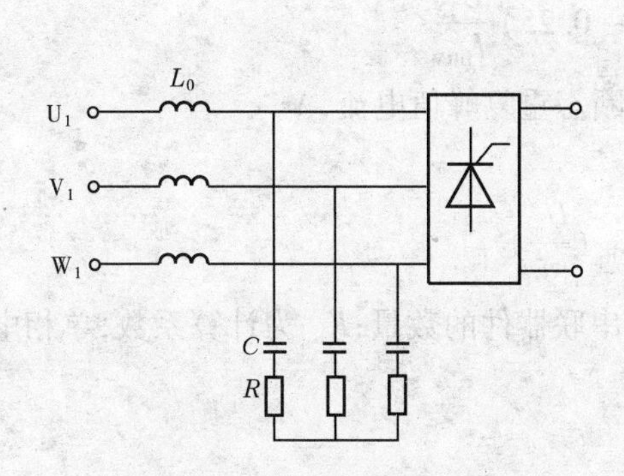

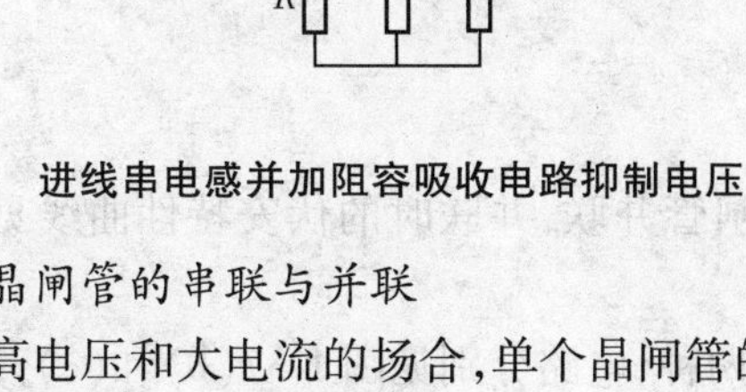

图 1-34　进线串电感并加阻容吸收电路抑制电压上升率

图 1-35　整流式阻容电路

4. 晶闸管的串联与并联

在高电压和大电流的场合，单个晶闸管的额定电压和额定电流达不到要求时，就要考虑把晶闸管串联或并联起来使用。

1）晶闸管的串联

晶闸管的串联电路如图 1-36 所示。

当单个晶闸管的额定电压小于应用要求时，可选择同型号晶闸管串联使用。串联时各个晶闸管流过的漏电流相同，但由于器件特性不可避免地存在分散性，因此各个晶闸管承受

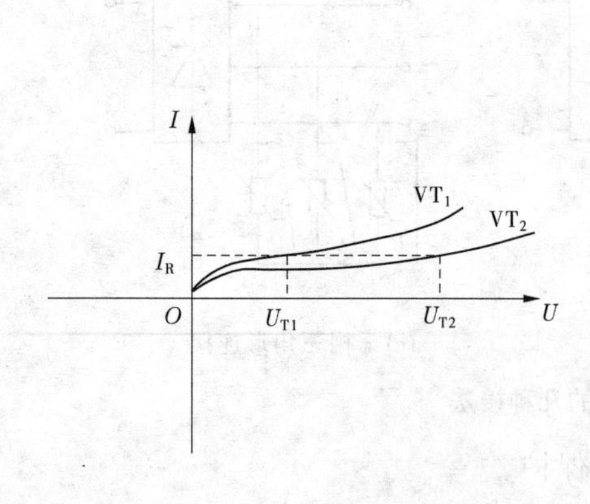

(a)晶闸管串联时的阳极伏安特性曲线

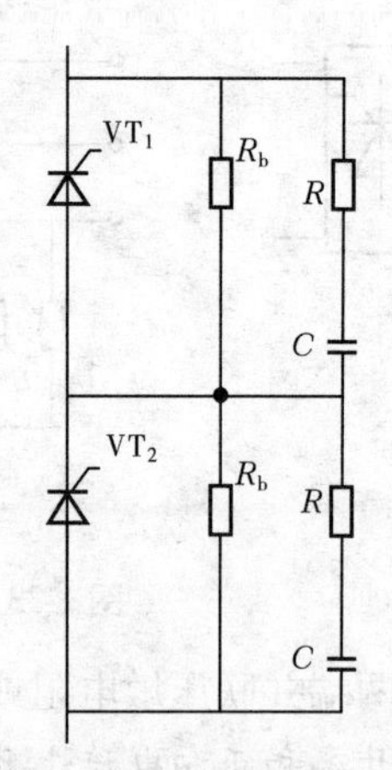

(b)采取均压措施的晶闸管串联电路

图 1-36　晶闸管的串联电路

的电压是不一样的。在图 1-36(a)中,两条曲线分别为晶闸管 VT_1、VT_2 的阳极伏安特性曲线,对应于相同的漏电流 I_R,两者管压降并不一样,$U_{T1} < U_{T2}$,分压不均现象十分明显。若外施电压较高,则 VT_2 可因分压较高而先转折,随后另一晶闸管 VT_1 也转折。同理,当反向过电压时,分压较高的晶闸管先被击穿损坏,随后,外施电压全部加到另一晶闸管上,随之也被击穿损坏。因此,晶闸管串联使用时,必须采取均压措施。

为达到均压的目的,在器件选用时应使器件的通态平均电流、恢复电流尽量一致。在实际应用中,主要采用在串联组件上并接阻值相等的电阻 R_b(R_b 称为均压电阻)以克服电压不均的办法,见图 1-36(b)。均压电阻可按下式选取

$$R_b \leqslant (0.1 \sim 0.25)\frac{U_{TN}}{I_{DRM}} \tag{1-6}$$

式中:U_{TN}为晶闸管额定电压,V;I_{DRM}为晶闸管断态重复峰值电流,A。

均压电阻功率可按下式计算

$$P_{R_b} \geqslant K_{R_b}\left(\frac{U_m}{n}\right)^2 \tag{1-7}$$

式中:U_m 为器件承受的正向峰值电压,V;n 为串联器件的数量;K_{R_b}为计算系数,单相电路取 0.25,三相电路取 0.45,直流电路取 1。

2)晶闸管的并联

晶闸管的并联电路如图 1-37 所示。

在大功率系统中,有时用多个同型号的晶闸管并联,并联时的伏安特性曲线见图 1-37(a)。

常用的均流措施有电阻均流和电抗器均流两种,电路分别见图 1-37(b)和(c)。

(二)GTR 和 IGBT 的缓冲保护

全控型电力电子器件设置缓冲电路可以避免器件流过过大的电流及器件两端出现过高的电压,也可将电流电压的峰值错开不同时出现,可以抑制正向电压上升率 du/dt、正向电流上升率 di/dt,减少开关损耗,提高电路的可靠性。因此,缓冲电路是一种重要的保护电路。

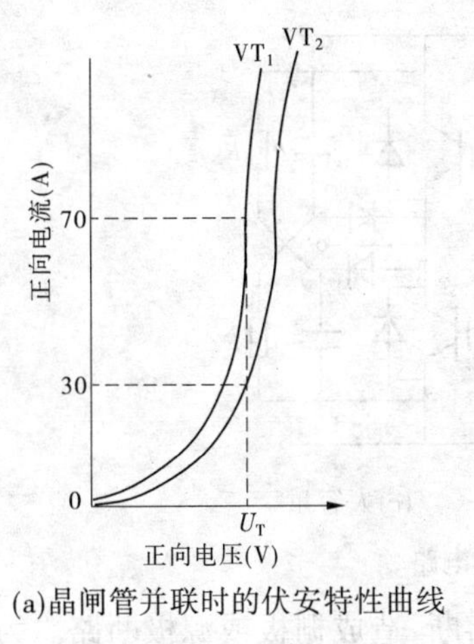

(a)晶闸管并联时的伏安特性曲线

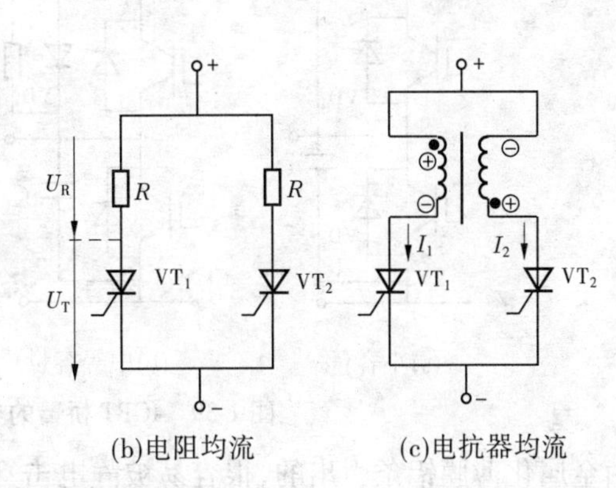

(b)电阻均流　　(c)电抗器均流

图1-37　晶闸管的并联电路

缓冲电路一般由电阻、电感、电容及二极管构成。图1-38所示是以GTR为例的几种典型的缓冲电路,但同样适用于其他器件。

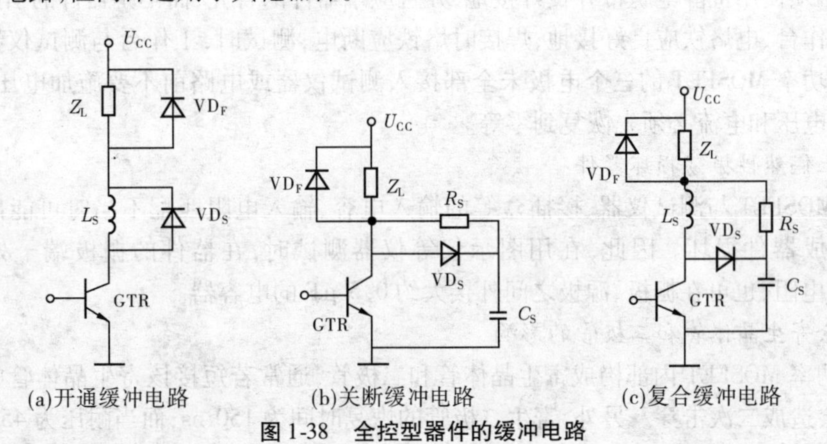

(a)开通缓冲电路　(b)关断缓冲电路　(c)复合缓冲电路

图1-38　全控型器件的缓冲电路

1. 开通缓冲电路

在开通过程中,为避免电路中各种储能组件能量的释放使器件受到很大冲击而损坏的电路即开通缓冲电路,见图1-38(a)。

2. 关断缓冲电路

在关断过程中,为避免电路中各种储能组件能量的释放使器件受到很大冲击而损坏的电路即关断缓冲电路,见图1-38(b)。

3. 复合缓冲电路

将开通缓冲电路与关断缓冲电路结合在一起,称为复合缓冲电路,见图1-38(c)。图1-39给出了几种用于IGBT桥臂的典型缓冲电路。

(三)功率MOSFET的保护

功率MOSFET的薄弱之处是栅极绝缘层易被击穿损坏,其保护措施主要有以下几种。

1. 静电保护

功率MOSFET和IGBT属于栅极控制型器件,输入阻抗极高,且栅极绝缘层很薄,在静电较强的场合难于释放电荷,容易引起静电击穿,造成栅极、源极短路;另外,其栅极和源极

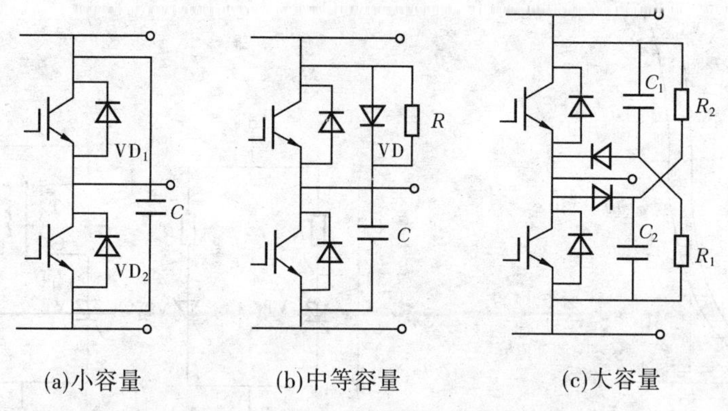

图 1-39　IGBT 桥臂的典型缓冲电路

都是由金属化薄膜铝条引出的，很容易被静电击穿电流熔断，造成栅极或源极断路。为此，必须采取以下措施防止静电击穿：测试及取用前应用抗静电包装袋、导电材料包装袋或金属容器存放功率 MOSFET 器件，不能用普通塑料袋或塑料盒存放；取用功率 MOSFET 器件时，工作人员必须使用抗静电腕带并良好接地，并且应拿器件的管壳，而不是器件的引脚；安装、焊接时，工作台、电烙铁应良好接地，焊接时烙铁应断电；测试时，工作台与测试仪器都必须良好接地，功率 MOSFET 的三个电极未全部接入测试仪器或电路前不要施加电压，改换测试范围时，电压和电流必须先恢复到零等。

2. 防止偶然性振荡损坏器件

功率 MOSFET 与测试仪器、接插盒等的输入电容、输入电阻匹配不当时可能出现偶然性振荡，造成器件损坏。因此，在用图示仪等仪器测试时，在器件的栅极端子处可外接 10 kΩ串联电阻，也可在栅极、源极之间外接大约 0.5 μF 的电容器。

3. 消除寄生晶体管和二极管的影响

由于功率 MOSFET 内部构成寄生晶体管和二极管，通常若短接该寄生晶体管的基极和发射极就会造成二次击穿。另外，寄生二极管的恢复时间为 150 ns，而当耐压为 450 V 时恢复时间为 500 ~ 1 000 ns。因此，在桥式开关电路中，功率 MOSFET 应外接快速恢复的并联二极管，以免发生桥臂直通短路故障。

4. 工作保护

工作保护包括栅源过电压保护、漏源过电压保护、漏极过电流保护三种。

栅源过电压保护应用于栅源间的阻抗过高，漏源间电压的突变会通过极间电容耦合到栅极，则会产生相当高的栅源尖峰电压 U_{GS}，将栅源氧化层击穿，造成器件永久性损坏。或者当耦合到栅极的电压为正时，还可能引起器件误导通。防止栅源过电压的方法有：适当降低栅极驱动电路的阻抗，在栅源间并联阻尼电阻或并联约 20 V 的稳压管，如图 1-40所示。特别注意要防止栅极开路工作。

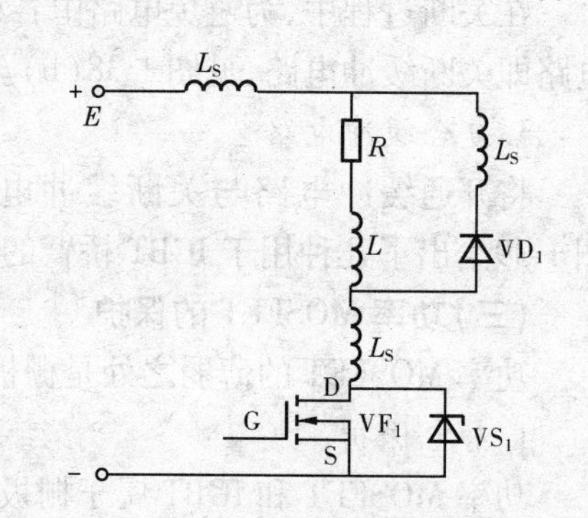

图 1-40　用钳位稳压管限制栅源过电压

漏源过电压保护应用于电路中有感性负载的场合。当器件关断时，漏极电流的突变会产生比电源电压还高得多的漏极尖峰电压，导致器件的损坏，为此要在感性负载两端并接稳压管。另外，为防止因电路存在杂散电感 L_S 而产生的瞬时过电压，还应在漏源两端并联 *RC*D 或 *RC* 缓冲电路，如图 1-41 所示。

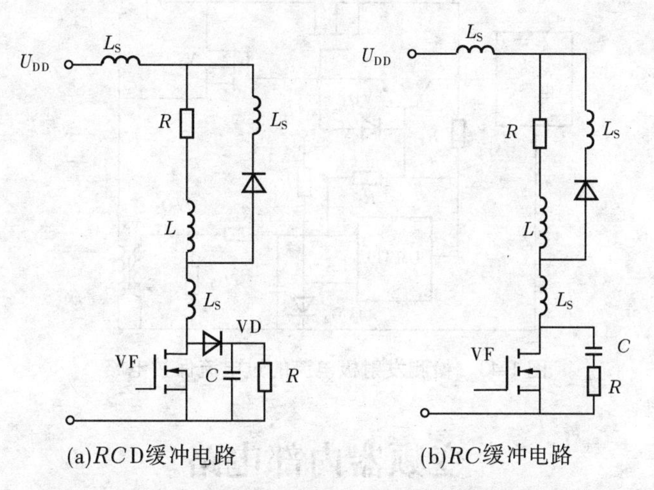

图 1-41　用 *RC*D 或 *RC* 缓冲电路进行漏源过电压保护

漏极过电流保护应用于因器件误开通或若干负载的接入或切除等原因引起漏极电流超过漏极峰值电流，必须将器件迅速关断时。漏极过电流保护可采用电流互感器或其他检测控制电路切断器件回路。

（四）IGBT 的过电流保护

IGBT 的过电压保护措施已在前面的缓冲电路部分作了介绍，这里只讨论 IGBT 的过电流保护措施。过电流保护措施主要是检测出过电流信号后迅速切断栅极控制信号来关断 IGBT。实际使用中，当出现负载电路接地、输出短路、桥臂某组件损坏、驱动电路故障等情况时，都可能使一桥臂的两个 IGBT 同时导通，使主电路短路、集电极电流过大、器件功耗增大。为此，就要求在检测到过电流信号后，通过控制电路产生负的栅极驱动信号来关断 IGBT。尽管检测和切断过电流需要一定的时间延迟，但只要 IGBT 的额定参数选择合理，10 μs 内的过电流一般不会使之损坏。如图 1-42 所示为识别集电极电压的过电流保护电路。

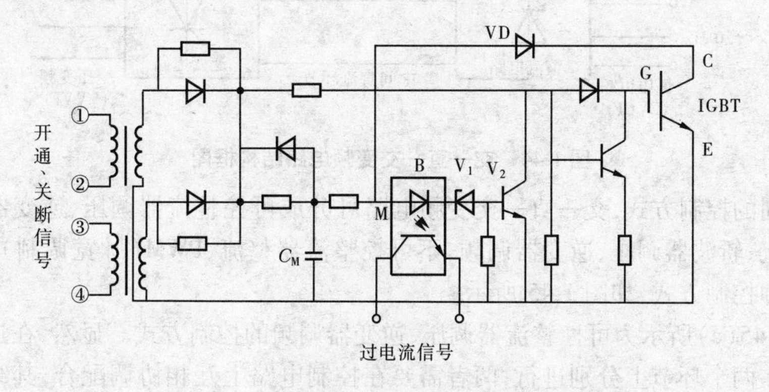

图 1-42　识别集电极电压的过电流保护电路

为避免 IGBT 过电流的时间超过允许的短路过电流时间，保护电路应当采用快速光耦合器等快速传送器件及电路。检测发射极电流的过电流保护电路如图 1-43 所示。

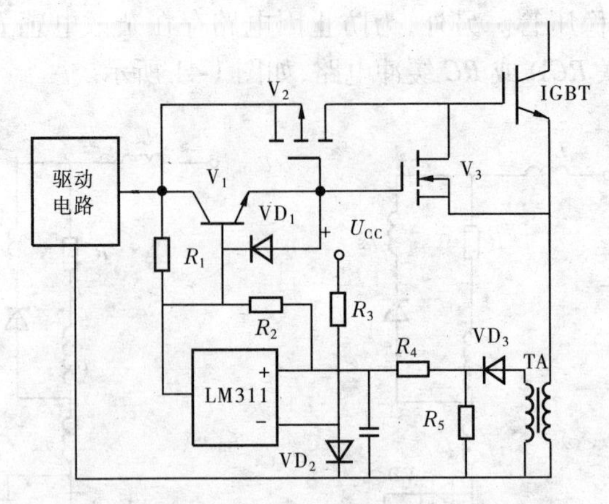

图 1-43　检测发射极电流的过电流保护电路

变频器内部电路

一、主电路

变频器主电路的核心部分就是变频电路，常见的有：交—直—交变频电路、交—交变频电路。

（一）交—直—交变频电路

1. 交—直—交变频电路概述

交—直—交变频电路是先把恒压恒频（CVCF）的交流电经整流器先整流成直流电，直流中间电路对整流电路的输出进行平滑滤波，再经过逆变器把这个直流电变成频率和电压都可变的交流电的间接型变频电路。

交—直—交变频电路结构框图如图 1-44 所示。

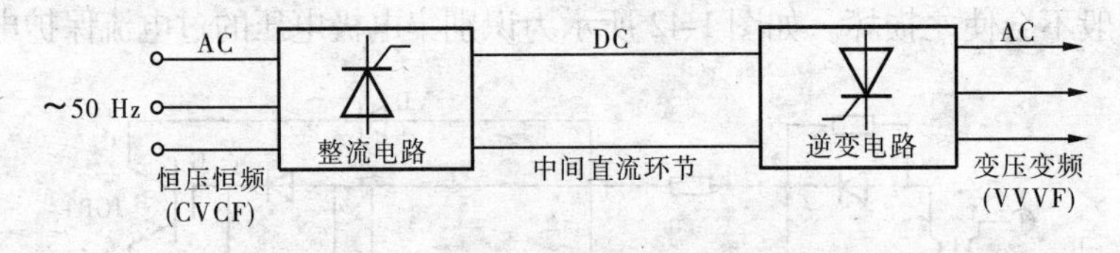

图 1-44　交—直—交变频电路结构框图

按照不同的控制方式，交—直—交变频电路可分成可控整流器调压、逆变器调频，不可控整流器整流、斩波器调压、逆变器调频，不可控整流器整流、PWM（脉宽调制）逆变器同时调压调频三种控制方式，如图 1-45 所示。

（1）图 1-45（a）所示为可控整流器调压、逆变器调频的控制方式。显然，在这种装置中，调压和调频在两个环节上分别进行，两者需要在控制电路上互相协调配合，其结构简单，控制方便。这种装置的主要缺点是由于输入环节采用晶闸管可控整流器，当电压调得较低时，电网端功率因数较低。而输出环节多用由晶闸管组成的三相六拍逆变器，每个周期换相 6 次，输出的谐波较大。

（2）图 1-45（b）所示为不可控整流器整流、斩波器调压、逆变器调频的控制方式。在这种装置中，整流环节采用由二极管构成的不可控整流器，只整流不调压，再单独设置斩波器，用脉宽调压。这样虽然多了一个环节，但调压时输入功率因数不变，克服了图1-45(a)中装置的第一个缺点。输出逆变环节未变，仍有谐波较大的问题。

(3)图1-45(c)所示为不可控整流器整流、PWM(脉宽调制)逆变器同时调压调频的控制方式。在这种装置中，采用由二极管构成的不可控整流装置，则输入功率因数不变；用PWM逆变器进行逆变，使输出谐波减小。这样，图1-45(a)中装置的两个缺点都消除了。

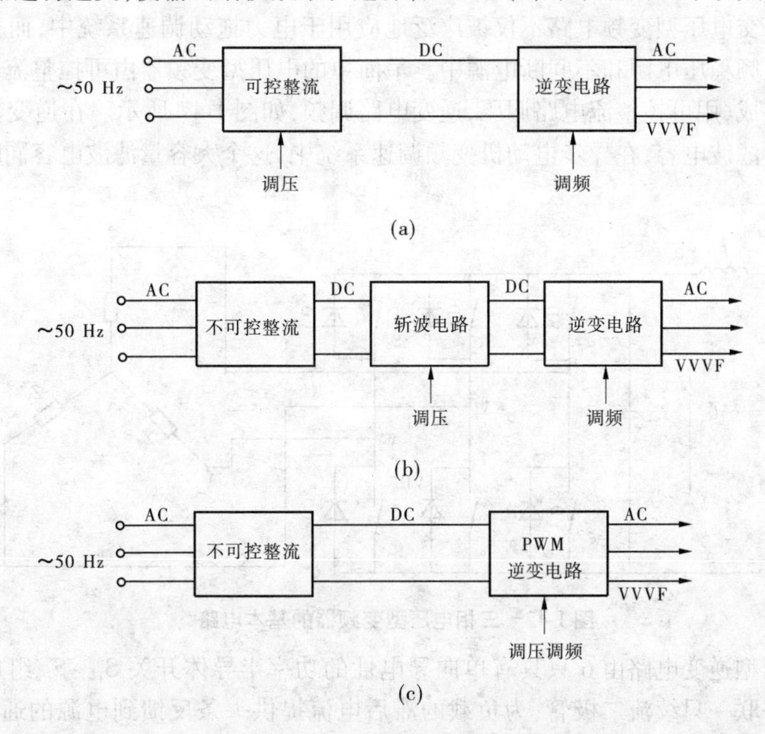

图1-45 交—直—交变频器的三种控制方式

根据中间直流环节采用滤波器的不同，交—直—交变频电路又分为交—直—交电压型变频电路和交—直—交电流型变频电路，如图1-46所示。其中，U_d 为整流器的输出电压平均值。

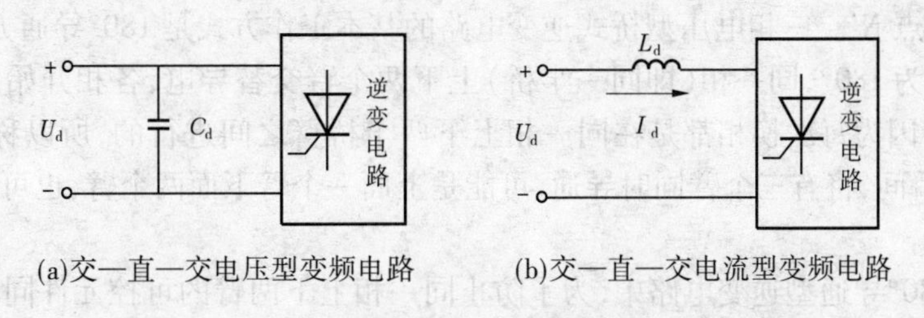

图1-46 交—直—交电压型、电流型变频电路原理框图

在交—直—交变频电路中，当中间直流环节采用大电容滤波时，直流电压波形比较平直，在理想情况下相当于一个内阻抗为零的恒压源，输出的交流电压是矩形波或阶梯波，这种变频电路称为电压型变频电路，见图1-46(a)。当交—直—交变频电路的中间直流环节采用大电感滤波时，直流电流波形比较平直，因而电源内阻抗很大，对负载来说基本上是一个电流源，输出的交流电流是矩形波或阶梯波，这种变频电路称为电流型变频电路，见

图1-46(b)。可见,变频电路的这种分类方式和逆变电路是一致的。所不同的是:逆变电路由电源 E 供电,在交—直—交变频电路中,则是由整流器的输出电压 U_d 供电。

2. 交—直—交电压型变频电路

交—直—交电压型变频电路和交—直—交电流型变频电路在构成上比较类似,都是由整流电路和逆变电路两部分组成的,它们的区别体现在逆变电路部分。

1) 交—直—交电压型变频电路的基本电路

交—直—交电压型变频电路不仅被广泛地应用于电力拖动调速系统中,而且也被普遍用于高精度稳频稳压电源和不间断电源中。最简单的电压型变频器由可控整流电路和电压型逆变电路组成,用可控整流电路调压,逆变电路调频,如图1-47所示。在逆变器的直流侧并联有大容量滤波电容,在异步电动机变频调速系统中,这个大容量滤波电容同时又用来缓冲无功功率。

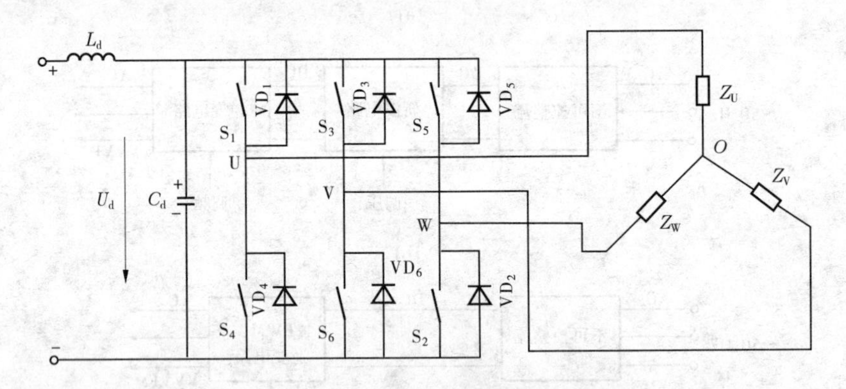

图1-47　三相电压型变频器的基本电路

三相电压型逆变电路由6只具有单向导电性的功率半导体开关 $S_1 \sim S_6$ 组成。每只功率开关上反并联一只续流二极管,为负载的滞后电流提供一条反馈到电源的通路。6只功率开关每隔60°电角度触发导通一只,相邻两相的功率开关触发导通时间互差120°,一个周期共换相6次,对应6个不同的工作状态。

在三相电压型逆变电路中,应用最广的是三相电压型桥式逆变电路。采用功率晶体管作为可控元件的三相电压型桥式逆变电路如图1-48所示。为了分析方便,图中直流侧电源画出了假想中点N′。三相电压型桥式逆变电路的基本工作方式是180°导通方式,即每个桥臂的导通角度为180°,同一相(即同一半桥)上下两个臂交替导电,各相开始导电的时间依次相差120°。因为每次换相都是在同一相上下两个桥臂之间进行的,所以称为纵向换相。这样,在任一瞬间,将有三个臂同时导通,可能是上面一个臂下面两个臂,也可能是上面两个臂下面一个臂。

在上述180°导通型逆变电路中,为了防止同一相上下两臂的可控元件同时导通而引起直流电源的短路,要采取"先断后通"的方法。即先给应关断的器件关断信号,待其关断后留一定的时间裕量,然后给应导通的器件开通信号,两者之间留一个短暂的死区时间。

除180°导通型外,还有120°导通型的控制方式。即每个桥臂的导通角度为120°,同一相上下两臂的导通有60°的间隔,各相的导通仍依次相差120°。这样,每次的换相都是在上面三个桥臂内或下面三个桥臂内依次进行,因此称为横向换相。在任何一个瞬间,上下三个桥臂都各有一个臂导通。120°导通型不存在同一相上下直通短路的问题,但其输出的交流

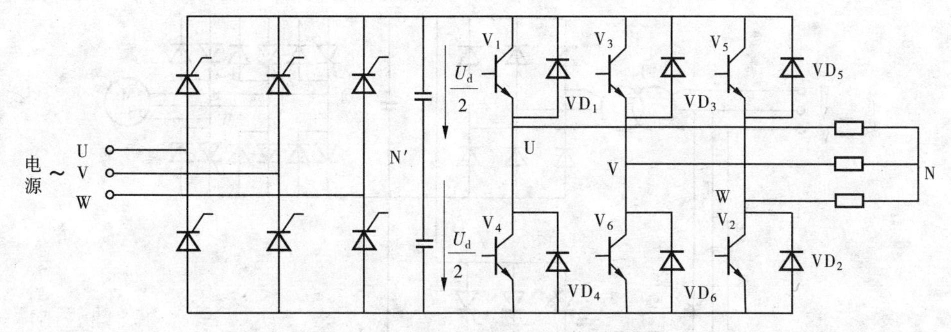

图 1-48　三相电压型桥式逆变电路

电压有效值 $U_{uv}=0.707U_d$，比 180°导通型的 $U_{uv}=0.816U_d$ 低得多，直流电源电压利用率低，因此一般电压型逆变电路都采用 180°导通型。

从图 1-48 中可以看出，由于整流电路输出的电压和电流极性都不能改变，因此功率只能从交流电网输送到直流中间电路，进而再向交流电动机传输功率，反之则不行。当负载电动机由电动状态转入制动运行时，电动机变为发电状态，其能量通过逆变电路中的反馈二极管流入直流中间电路，使直流电压升高而产生过电压，这种过电压称为泵升电压。为了限制泵升电压，可给直流侧电容并联一个由功率晶体管 V_0 和能耗电阻 R_0 组成的泵升电压限制电路，如图 1-49 所示。当泵升电压超过一定数值时，V_0 导通，把电动机反馈的能量消耗在电阻 R_0 上。这种电路适用于对制动时间有一定要求的小容量调速系统。

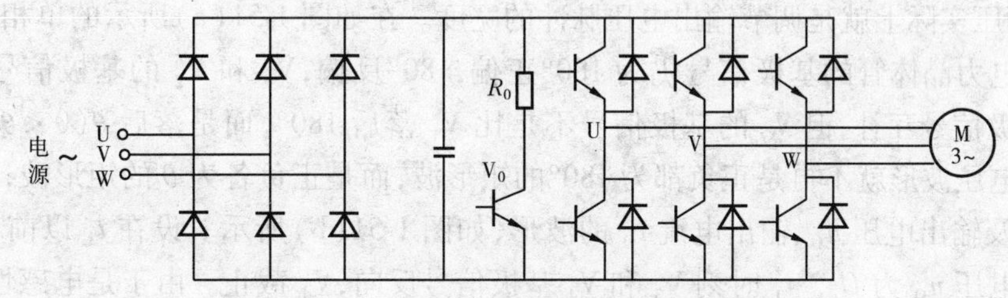

图 1-49　带泵升电压限制电路的变频电路

在要求电动机频繁快速加减速的场合，上述带有泵升电压限制电路的变频电路耗能较多，能耗电阻 R_0 也需较大的功率。因此，希望在制动时把电动机的动能反馈回电网。这时，需要在整流电路中设置再生反馈通路——反并联一组逆变桥，以实现再生制动，如图 1-50 所示。此时，U_d 的极性仍然不变，但 I_d 可以借助于反并联三相桥（工作在有源逆变状态）改变方向，使再生电能反馈到交流电网。

2）电压型逆变电路输出电压的调节

为适应变频调速的需要，变频电源必须在变频的同时实现变压。调节电压型逆变电路输出电压的方式有三种，即调节直流侧电压、移相调压和脉宽调制调压。

（1）调节直流侧电压。

从上面的分析可以看出，改变直流侧电压 U_d 即可调节逆变电路输出电压。调节直流侧电压主要有以下两种方式：

①采用可控整流器整流，通过对触发脉冲的相位控制直接得到可调直流电压，见图 1-48。该方式电路简单，但电网侧功率因数低，特别是低电压时，表现更为严重。

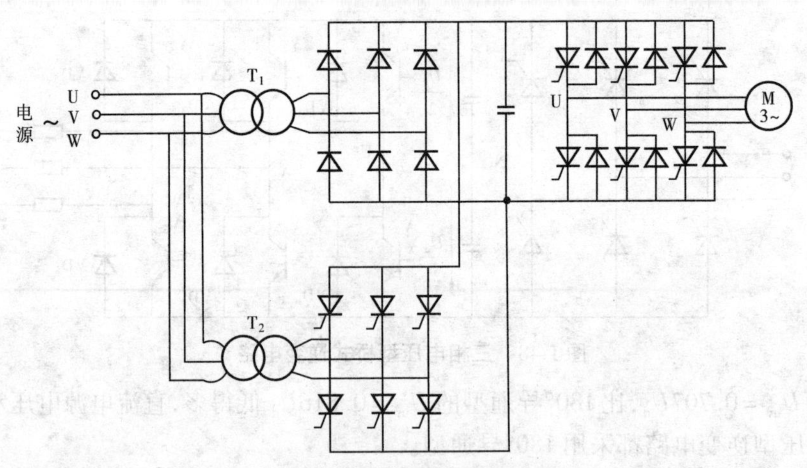

图 1-50　可再生制动的变频电路

②采用二极管整流桥不可控整流，在直流环节增加斩波器，以实现调压，见图 1-49。此方式由于使用不可控整流器，电网侧的功率因数得到明显改善。

上述两种方法都是通过调节逆变电路输入端的直流电压来改变逆变电路输出电压的幅值，又称为脉幅调制（PAM）。此时逆变器本身只调节输出电压的交变频率，调压和调频分别由两个环节完成。

（2）移相调压。

移相调压实际上就是调节输出电压脉冲的宽度。在如图 1-51（a）所示的单相全桥逆变电路中，各电力晶体管的基极信号仍为 180°正偏，180°反偏，V_1 和 V_2 的基极信号互补，V_3 和 V_4 的基极信号互补，但 V_3 的基极信号不是比 V_1 落后 180°，而是落后 $\theta(0<\theta<180°)$。这样，输出电压波形就不再是正负都为 180°的矩形波，而是正负各为 θ 的矩形波；各基极信号 $u_{b1}\sim u_{b4}$ 及输出电压 u_O、输出电流 i_O 的波形，如图 1-51（b）所示。设在 t_1 以前，V_1 和 V_4 导通，输出电压 u_O 为 U_d。t_1 时刻 V_3 和 V_4 基极信号反向，V_4 截止。由于是电感性负载，输出电流 i_O 不能突变，V_3 不能立刻导通，VD_3 导通续流，因 V_1 和 VD_3 同时导通，所以输出电压为零。到 t_2 时刻 V_1 和 V_2 基极信号反向，V_1 截止，而 V_2 不能立刻导通，VD_2 导通续流，输出电压 u_O 为 $-U_d$。到负载电流过零并反向时，VD_2 和 VD_3 截止，V_2 和 V_3 开始导通，u_O 仍为 $-U_d$。t_3 时刻 V_3 和 V_4 基极信号再次反向，V_3 截止，而 V_4 不能立刻导通，VD_4 续流，u_O 为零。以后的过程和前面类似。这样，输出电压 u_O 的正负脉冲宽就各为 θ。改变 θ 就可调节输出电压。

（3）脉宽调制（PWM）调压。

PWM 控制方式是把逆变电路输出波形半个周期内的脉冲分割成多个，通过对每个脉冲的宽度进行控制，来控制输出电压并改善其波形。PWM 是一种非常重要的控制方式，获得了广泛的应用。

3. 电流型变频电路

交—直—交电流型变频电路，如图 1-52 所示，负载为三相异步电动机。其中，整流器采用由晶闸管构成的可控整流电路，完成交流到直流的变换，输出可控的直流电压 U_d，实现调压功能；中间直流环节用大电感 L_d 滤波；逆变电路为采用 GTO 作为功率开关器件的电流型

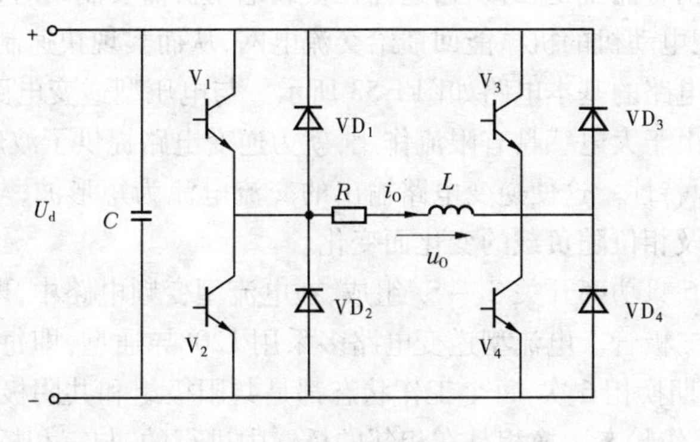

(a)单相全桥逆变电路

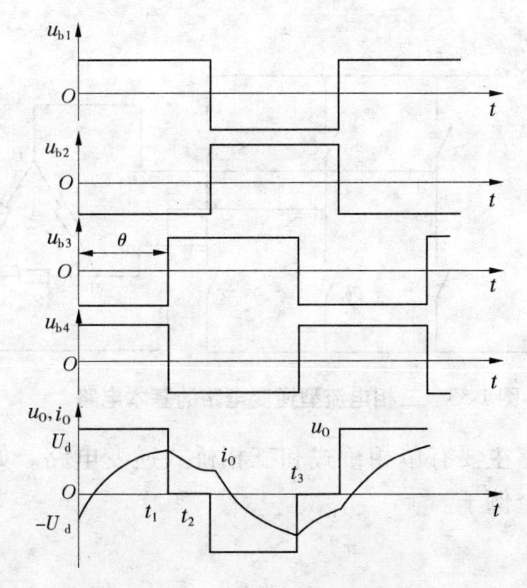

(b)单相全桥逆变电路波形

图 1-51　单相桥式逆变电路及其波形

PWM 逆变电路,每个 GTO 串联了二极管以承受反向电压。逆变电路输出端的电容 C 的作用是吸收 GTO 关断时所产生的过电压,同时,也可以对输出电流波形起滤波作用。

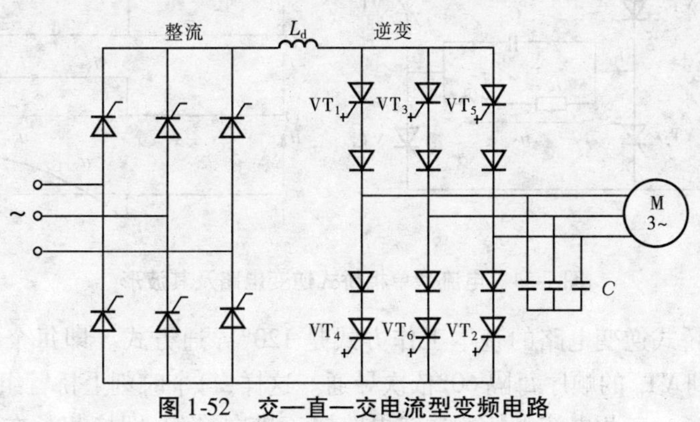

图 1-52　交—直—交电流型变频电路

整流电路采用晶闸管而不是二极管，这样在负载电动机需要制动时，可以使整流部分工作在有源逆变状态，把电动机的机械能回馈给交流电网，从而实现快速制动。

三相电流型逆变电路的基本电路如图1-53所示。与电压型逆变电路不同，直流电源上串联了大电感滤波。由于大电感具有限流作用，就为逆变电路提供了波形平直的直流电流，脉动很小，具有电流源特性。这使逆变电路输出的交流电流为矩形波，与负载性质无关，而输出的交流电压波形及相位随负载的变化而变化。

该逆变电路仍由6只功率开关 $S_1 \sim S_6$ 组成，在电流型变频电路中，电流方向无须改变，因此不必反并联续流二极管。电流型逆变电路多采用120°导通型，即每个功率开关的导通时间为120°。每个周期换相6次，每个工作状态都是共阳极组和共阴极组各有一只功率开关导通工作，共6个工作状态。换相是在相邻的桥臂中进行的，与三相桥式整流电路的工作状态类似。

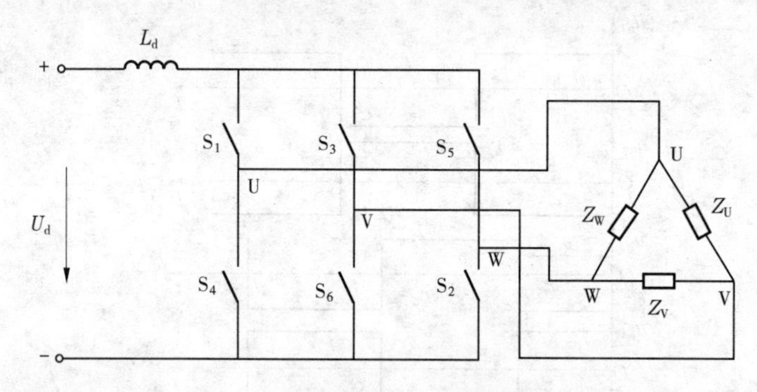

图1-53　三相电流型逆变电路的基本电路

常见的电流型逆变电路主要有单相桥式和三相桥式逆变电路。如图1-54所示为电流型单相桥式逆变电路的一个例子。

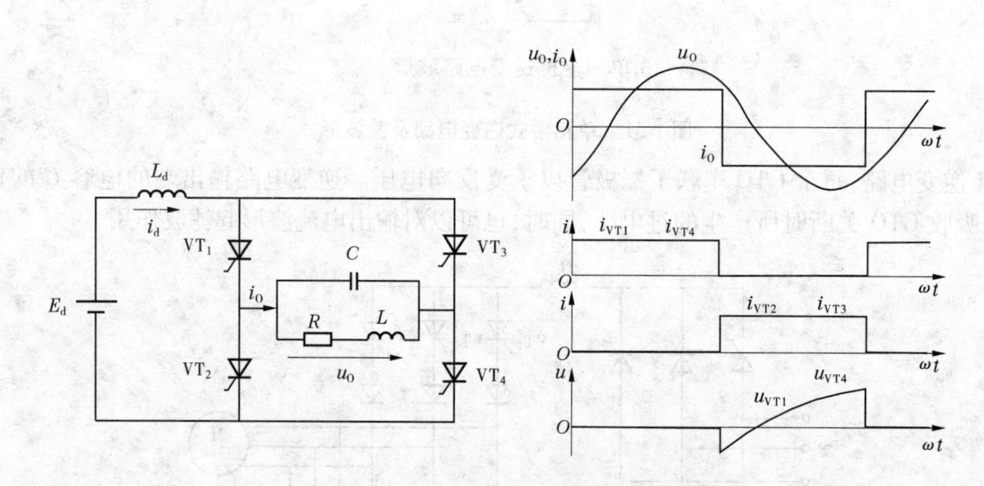

图1-54　电流型单相桥式逆变电路及其波形

三相电流型桥式逆变电路的基本工作方式是120°导通方式。即每个桥臂的导向角度为120°，按 VT_1 到 VT_6 的顺序每隔60°依次导通。这样，每个时刻上桥臂组和下桥臂组中都各有一个桥臂导通。三相电流型桥式逆变电路属于横向换相，即换相是在上桥臂组或下桥臂组内依次进行的。

4. 谐振型变频电路

谐振直流环节逆变电路的基本原理为：在原来的开关电路中增加很小的电感 L_r、电容 C_r 等谐振元件，构成辅助换流网络，在开关过程前后引入谐振过程，使开关管关断或开通前其电流或电压为零，零电流关断或零电压开通。这样就可以消除开关过程中电压、电流的重叠，减小电压、电流的变化率，从而极大地减小甚至消除开关损耗和开关噪声。零电流关断和零电压开通要靠电路中的谐振来实现，我们把这种谐振开关技术称为软开关技术。根据器件与谐振电感和谐振电容的不同组合，软开关方式分为零电流开关（ZCS）和零电压开关（ZVS）两类。这里以零电压开关为主进行介绍。

三相谐振直流环节逆变电路的原理电路，$S_1 \sim S_6$ 为零电压开关，如图 1-55 所示。

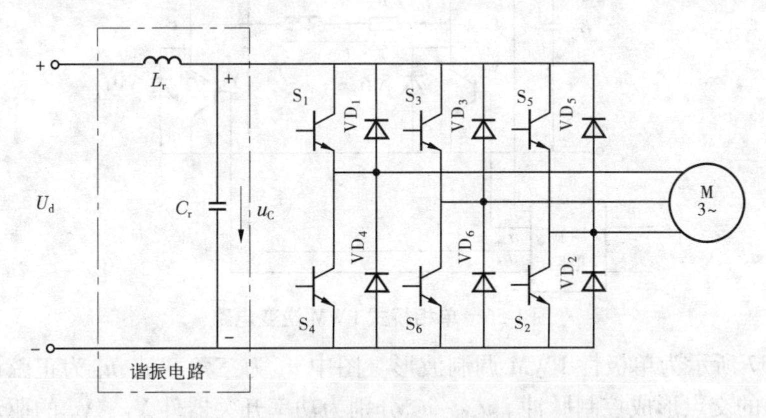

图 1-55　三相谐振直流环节逆变电路的原理电路

从图中可以看出，谐振电容 C_r 是与功率开关 S 并联的，其基本工作原理是：在功率开关 S 导通时，C_r 上的电压为零；当 S 关断时，C_r 限制 S 上电压的上升率，从而实现 S 的零电压关断。而在功率开关 S 开通时，L_r、C_r 谐振工作使 C_r 的电压回到零，从而实现 S 的零电压开通。这样 L_r、C_r 组成的谐振电路，接在直流输入电压和 PWM 逆变电路之间，为逆变器提供周期性过零电压，使得每一个桥臂上的功率开关都可以在零电压下开通或关断。

5. 脉宽调制电路

脉宽调制型变频简称 PWM 调频，基本原理是通过控制变频电路中开关元件的导通、关断时间比来控制交流电压的大小和频率。在异步电动机恒转矩变频调速系统中，变频电路输出频率变化时，必须同时调节其输出电压。为了补偿电网电压和负载变化所引起的输出电压波动，在变频电路输出频率不变的情况下，也应适当调节其输出电压。具体实现调压和调频的方法有很多种，但一般从变频电路的输出电压和频率的控制方法上分为脉幅调制和脉宽调制。

1）脉幅调制（PAM）型变频

脉幅调制（PAM）是一种通过改变直流电压的幅值进行输出电压调节的方式。在变频电路中，逆变电路部分只负责调频，而输出电压的调节，则由相控整流器或直流斩波器通过调节直流电压 U_d 去实现。采用相控整流器调压时，功率因数随调节深度的增加而变低；而采用直流斩波器调压时，功率因数在不考虑谐波影响时可以接近 1。

2）脉宽调制（PWM）型变频

脉宽调制（PWM）是靠改变脉冲宽度来控制输出电压，通过改变调制频率来控制其输出频率的方式。脉宽调制的方法很多，按调制脉冲的极性可分为单极性调制和双极性调制两种，按载频信号与参考信号频率之间的关系可分为同步调制和异步调制两种。

（1）单极性脉宽调制。

电压型单相桥式 PWM 逆变电路，如图 1-56 所示。E 为恒值直流电压，$V_1 \sim V_4$ 为功率晶体管 GTR，$VD_1 \sim VD_4$ 为电压型逆变电路必需的反馈二极管。

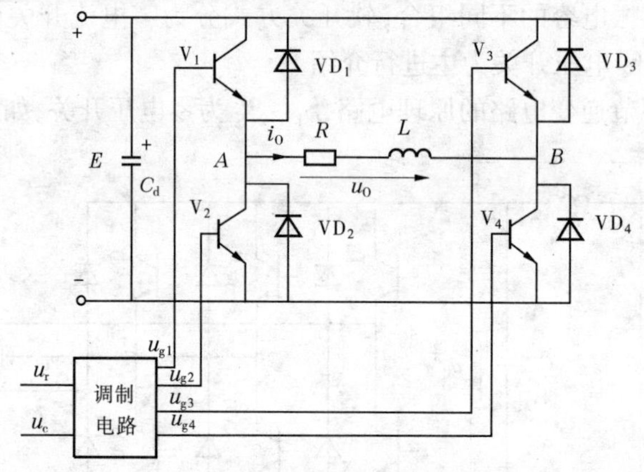

图 1-56　单相桥式 PWM 逆变电路

如图 1-57 所示为单极性 PWM 调制波形。图中 u_c 为三角载波，u_r 为正弦调制信号，由 u_r 和 u_c 波形的交点形成控制脉冲。$u_{g1} \sim u_{g4}$分别为功率开关器件 $V_1 \sim V_4$ 的驱动信号，高电平使之接通，低电平使之关断。若 u_{g1} 和 u_{g3} 根据倒相信号分别在正半周和负半周进行脉冲调制，则 u_{g2} 和 u_{g4} 根据输出电流过零时所作的波形见图 1-57（c），输出电压 u_0 和电流 i_0 波形见图 1-57（d）。负载为电感性负载，在脉冲作用下，电流为相位滞后于电压的齿状准正弦波。

单相桥式 PWM 逆变电路工作在 $\omega t = 0$ 时，在负载为电感性负载的情况下，电流 i_0 为负，即在图 1-56 中从 B 点流向 A 点。而此时只有开关 V_2 导通，则电流由二极管 VD_4 和开关 V_2 续流，负载两端电压 $u_0 = 0$；α_1 后 V_2 关断，V_1 和 V_4 同时加接通信号，但由于电感性负载的作用，V_1 和 V_4 不能马上导通，电流 i_0 经 VD_4、VD_1 续流。负载两端加上正向电压 $u_0 = E$，i_0 反电压方向流通而快速衰减；α_2 后又只有 V_2 接通，重复第一种状态的过程。当电流 i_0 变为正向流通时（α_3 以后），V_4 始终接通，V_1 接通时 $u_0 = E$，正向电流快速增大，V_1 关断时由 VD_2、V_4 续流，$u_0 = 0$，正向电流衰减。负半周期的工作情况与正半周期类似，一个周期的波形见图 1-57。显然，在正弦调制信号 u_r 的半个周期内，三角载波 u_c 只在一个方向变化，所得到的 PWM 波形 u_0 也只在一个方向变化，这种控制方式就称为单极性脉宽调制。

逆变电路输出的脉冲调制电压波形对称且脉宽成正弦分布，这样可以减小电压谐波含量。通过改变调制脉冲电压的调制周期，可以改变输出电压的频率，而改变电压的脉冲宽度可以改变输出基波电压的大小。也就是说，三角载波峰值一定，改变参考信号 u_r 的频率和幅值就可以控制逆变器输出基波电压频率的高低和电压的大小。

（2）双极性脉宽调制。

负载为电感性负载时双极性脉宽调制控制波形，如图 1-58 所示。

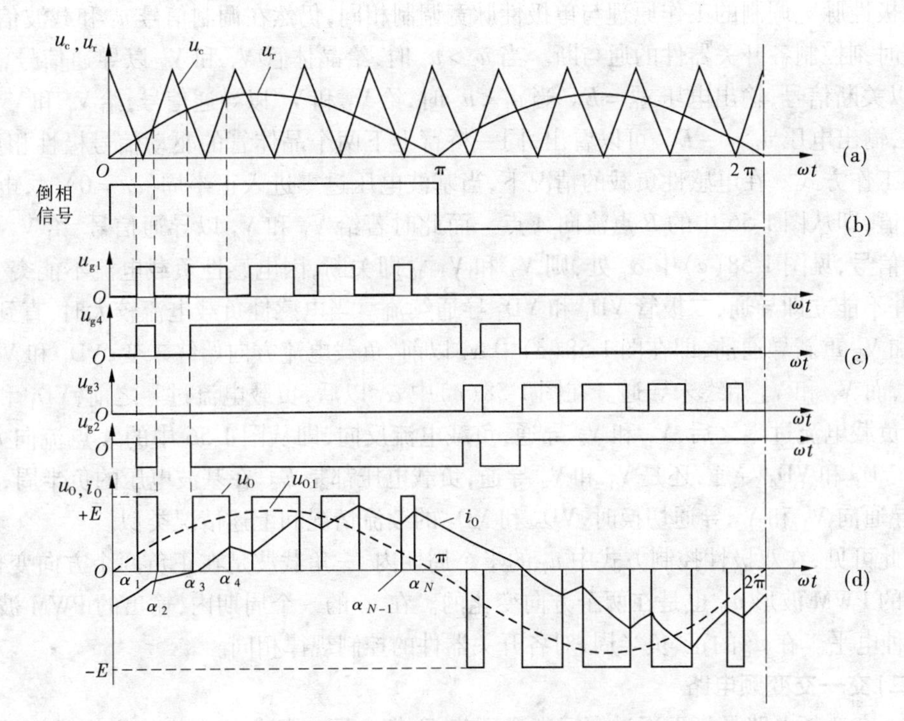

图 1-57　单极性 PWM 调制波形

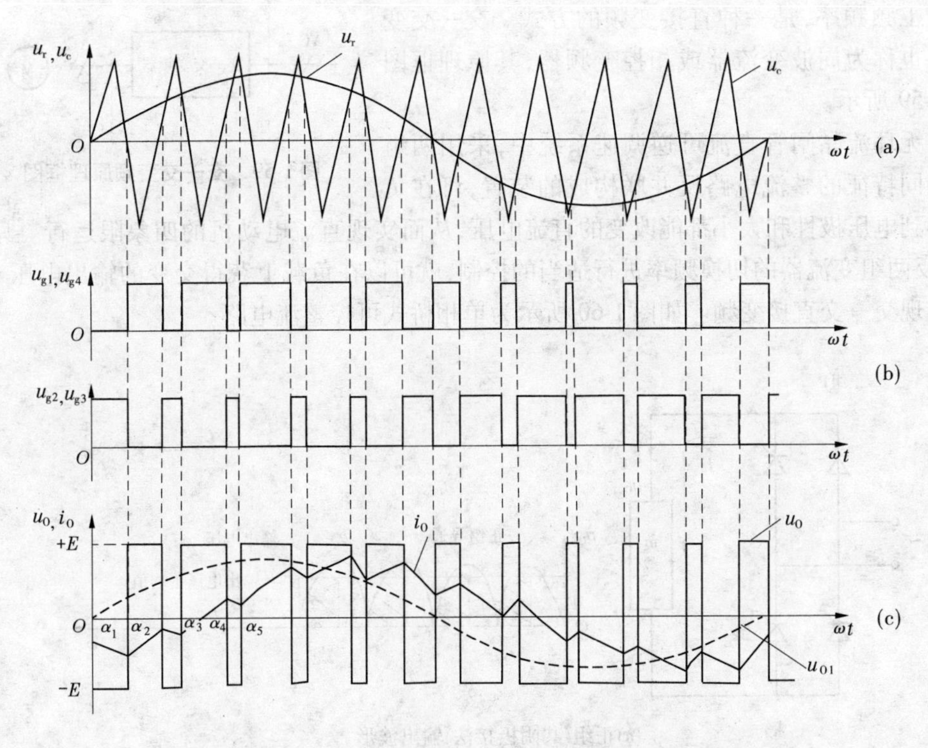

图 1-58　电感性负载时双极性脉宽调制控制波形

双极性脉宽调制的工作原理与单极性脉宽调制相同，仍然在调制信号 u_r 和载波信号 u_c 的交点时刻控制各开关器件的通与断。当 $u_r > u_c$ 时，给晶体管 V_1 和 V_4 以导通信号，给 V_2 和 V_3 以关断信号，输出电压 $u_O = E$。当 $u_r < u_c$ 时，给 V_2 和 V_3 以导通信号，给 V_1 和 V_4 以关断信号，输出电压 $u_O = -E$。可以看出，同一桥臂上下两个晶体管的驱动信号极性相反，处于互补工作方式。在电感性负载的情况下，当基波电压过零进入正半周（$\omega t = 0$）时，电流 i_O 仍为负值，即从图 1-56 中的 B 点流向 A 点。而此时若给 V_1 和 V_4 以导通信号，给 V_2 和 V_3 以关断信号，见图 1-58（c）中 α_1 处，则 V_2 和 V_3 立即关断，因电感性负载电流不能突变，V_1 和 V_4 并不能立即导通，二极管 VD_1 和 VD_4 导通续流。当电感性负载电流较大时，直到下一次 V_2 和 V_3 重新导通前，即在图 1-58（c）中 α_3 以前，负载电流方向始终未变，VD_1 和 VD_4 持续导通，而 V_1 和 V_4 始终未导通。在图 1-58（c）中 α_3 以后，负载电流过零之前，VD_1 和 VD_4 续流。负载电流过零之后，V_1 和 V_4 导通，负载电流反向，即从图 1-56 中的 A 点流向 B 点。无论是 VD_1 和 VD_4 导通，还是 V_1 和 V_4 导通，负载电压都是 E。在基波电压的负半周，从 V_1 和 V_4 导通向 V_2 和 V_3 导通切换时，VD_2 和 VD_3 的续流情况和上述情况类似。

由此可见，在双极性控制方式中 u_r 的半个周期内，三角载波是在正负两个方向变化的，所得到的 PWM 波形 u_O 也是在两个方向变化的。在 u_r 的一个周期内，输出的 PWM 波形有 $\pm E$ 两种电平。在 u_r 的正、负半周，对各开关器件的控制规律相同。

（二）交—交变频电路

交—交变频电路是指不通过中间直流环节，而把电网工频交流电直接变换成不同频率的交流电的变频电路。一般交—交变频电路的输出频率小于工频频率，是一种直接变频的方式。交—交变频电路也称为周波变流器或相控变频器，其原理框图如图 1-59 所示。

图 1-59　交—交变频原理框图

在无环流晶闸管直流可逆调速系统中，采用两组具有相同特征的整流电路反并联构成的装置，可在负载端得到电压极性和大小都能改变的直流电压，从而实现直流电动机的四象限运行。只要对正、反两组变流器的切换频率进行适当的控制，就可以在负载上获得交变的输出电压 u_O，从而实现交—交直接变频。如图 1-60 所示为单相桥式可控整流电路。

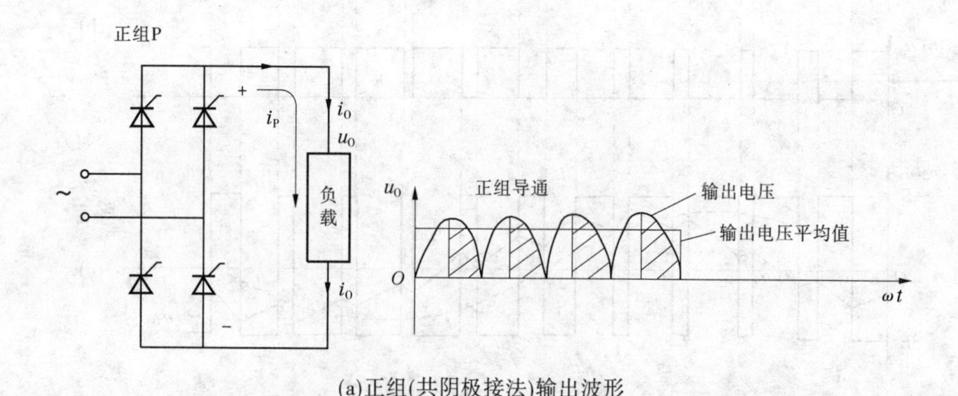

(a)正组(共阴极接法)输出波形

图 1-60　单相桥式可控整流电路及输出波形

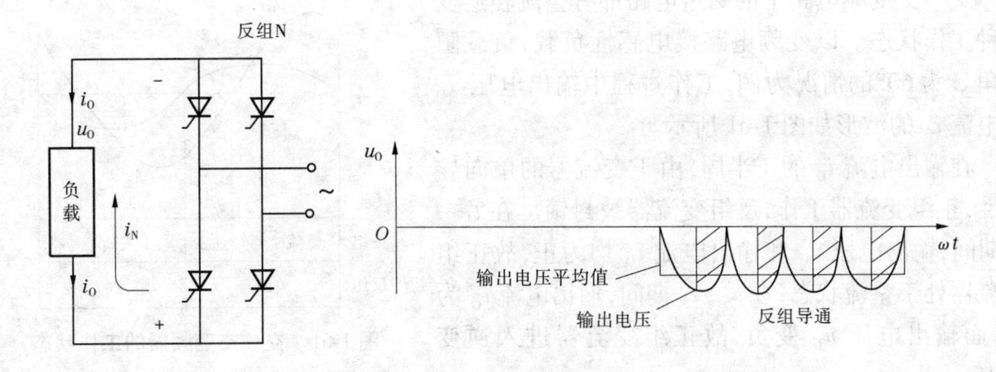

(b)反组(共阳极接法)输出波形

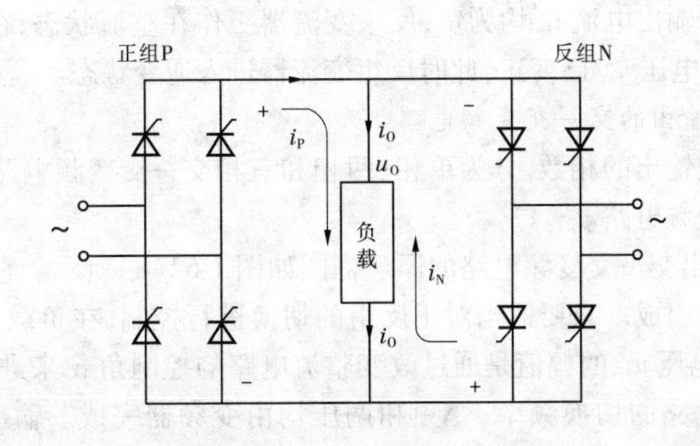

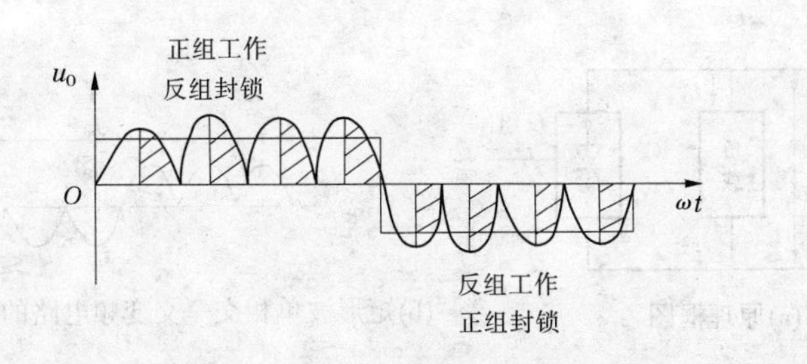

(c)正组与反组反并联输出波形

续图 1-60

图 1-60(a)所示的晶闸管(正组 P)采用共阴极接法,在负载上能获得上正下负的输出电压。图 1-60(b)所示的晶闸管(反组 N)采用共阳极接法,在负载上能获得上负下正的输出电压。

如果希望在负载上获得交流电压,则只需将正组和反组反并联连接,构成如图 1-60(c)所示的电路。在正组工作时,反组关断;而反组工作时,正组关断。这样,若以低于交流电网频率的速率交替地转换这两组电路的工作状态,就能在负载上得到相应的正负交替变化的交流电压,实现交—交直接变频的目的。当改变晶闸管的控制角 α 时,输出电压的幅值将随之改变,而变频电路的输出频率则是通过改变正反组的切换频率来调节的。从负载上所得到的电压波形可见,输出交变电压的频率低于交流电网的频率,且含有较多的谐波分量。

交—交变频电路中的两组电路都有整流和逆变两种工作状态。以变频电路接电感性负载，负载阻抗角 φ 为60°的情况为例，工作过程中输出电压 u_0 和电流 i_0 的波形如图1-61所示。

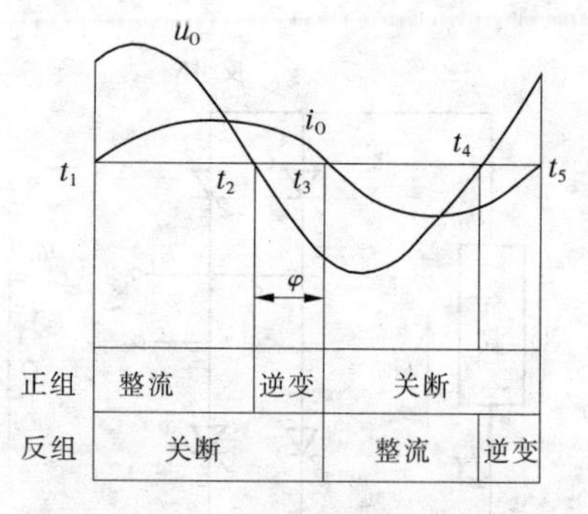

图1-61　交—交变频器的工作状态

在输出电流 i_0 的正半周，由于变流器的单向导电性，正组变流器工作，反组变流器被封锁。在 t_1 ~ t_2 期间，输出电压 u_0 和输出电流 i_0 均为正，故正组变流器处于整流状态；在 t_2 ~ t_3 期间，输出电流 i_0 为正，而输出电压 u_0 变负，故正组变流器进入逆变状态。

在输出电流 i_0 的负半周，反组变流器工作，正组变流器被关断。与正半周类似，在 t_3 ~ t_4 期间，输出电压 u_0 和输出电流 i_0 均为负，反组变流器工作在整流状态；在 t_4 ~ t_5 期间，输出电流 i_0 为负，而输出电压 u_0 已变正，此时反组变流器进入逆变状态。

1. 三相输入/单相输出的交—交变频电路

交—交变频电路按输出的相数，分为单相、两相和三相交—交变频电路；按输出波形可分为正弦波和矩形波变频电路。

三相输入/单相输出交—交变频电路的原理框图如图1-62(a)所示。它由正、反两组反并联的晶闸管整流电路组成。只要适当对正反组的切换进行控制，在负载上就能获得交变的输出电压 u_0。输出电压 u_0 的幅值是通过改变整流电路的控制角 α 来进行调节的，u_0 的频率取决于两组整流电路的切换频率，变频和调压均由变频器完成。输出波形如图1-62(b)、(c)、(d)所示。

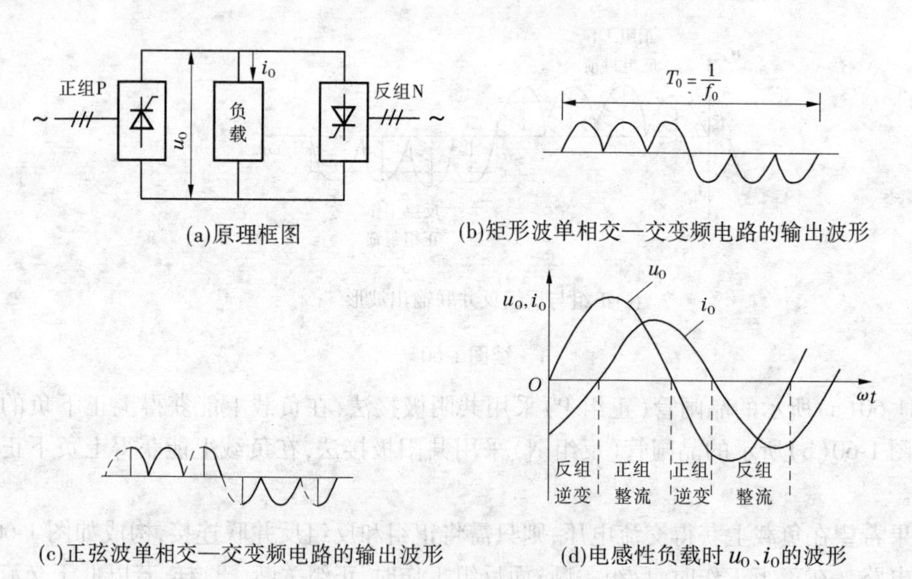

(a)原理框图　(b)矩形波单相交—交变频电路的输出波形

(c)正弦波单相交—交变频电路的输出波形　(d)电感性负载时 u_0、i_0 的波形

图1-62　三相输入/单相输出交—交变频电路原理及输出波形

2. 三相输入/三相输出交—交变频电路

三相输入/三相输出交—交变频电路由三套输出电压彼此互差120°的单相输出交—交变频器组成，它实际上包括三套可逆电路。如图1-63所示为三相零式交—交变频器主电

路。如图 1-64 和图 1-65 所示为三相桥式交—交变频器主电路的公共交流母线进线和输出星形连接两种方式,每相由正、反两组晶闸管反并联三相零式和三相桥式电路组成。它们分别需要 18 只和 36 只晶闸管元件。

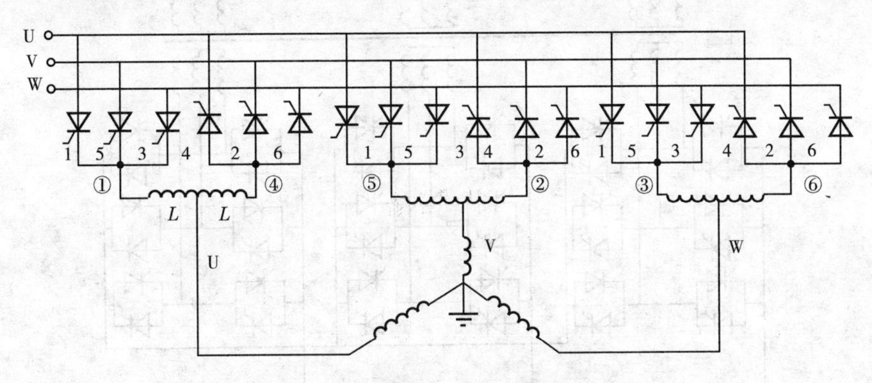

图 1-63　三相零式交—交变频器主电路

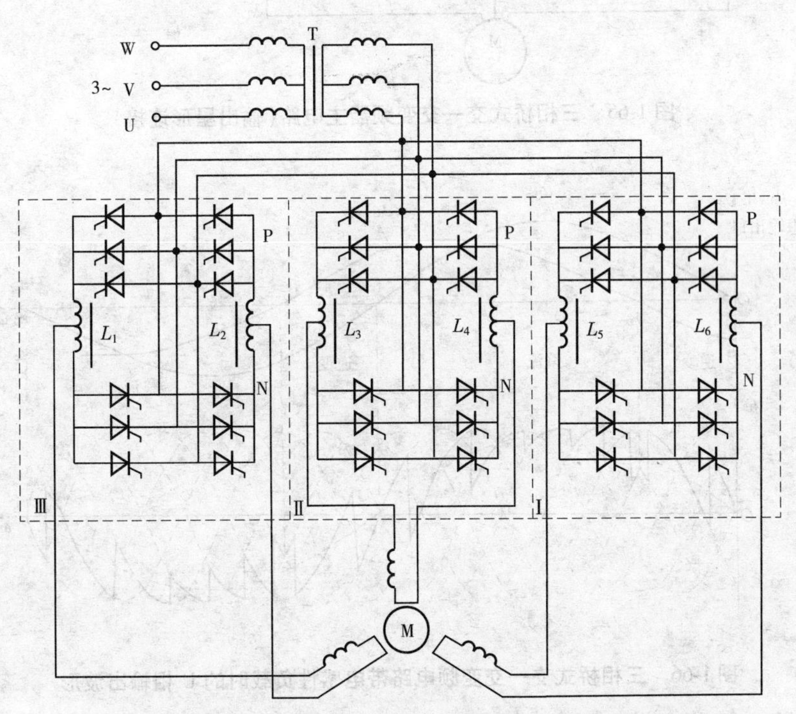

图 1-64　三相桥式交—交变频器主电路(公共交流母线进线)

三相桥式交—交变频器主电路有公共交流母线进线和输出星形连接两种方式,分别用于中、大容量。前者三套单相输出交—交变频电路的电源进线接在公共母线上,三个输出端必须互相隔离,电动机的三个绕组拆开,共需引出六根线。后者三套单相输出交—交变频电路的输出端为星形连接,电动机的三个绕组也是星形连接,电动机绕组的中点不与变频器中点接在一起,因此电动机只需引出三根线即可。由于三套单相输出变频电路连在一起,其电源进线就必须互相隔离,所以三套单相输出变频电路分别用三个变压器供电。三相桥式交—交变频电路接电感性负载时的 U 相输出波形如图 1-66 所示。

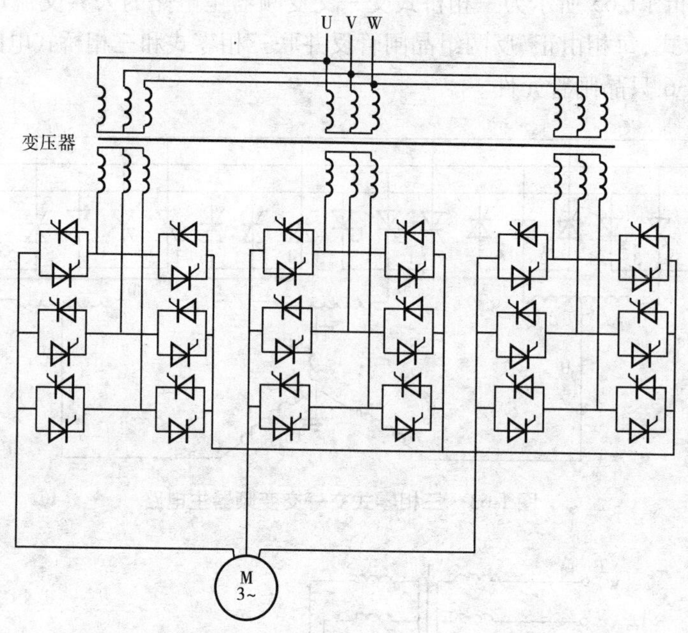

图 1-65 三相桥式交—交变频器主电路(输出星形连接)

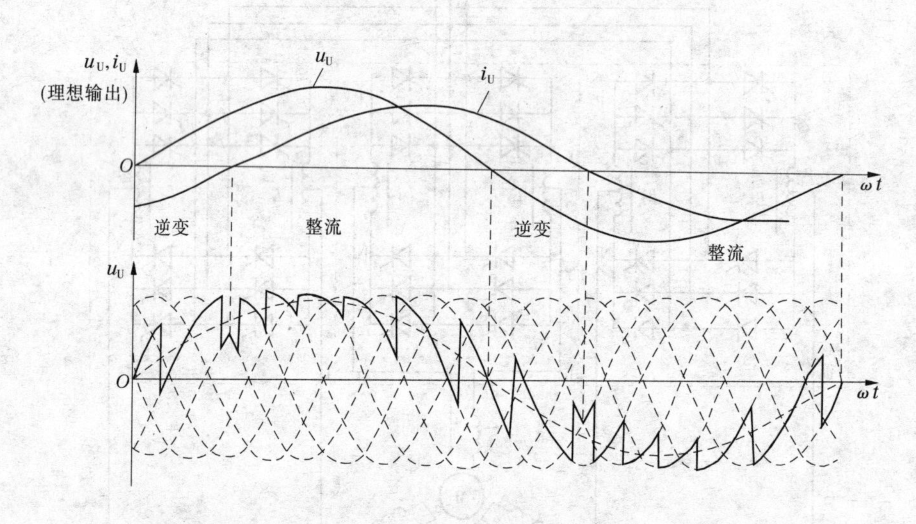

图 1-66 三相桥式交—交变频电路带电感性负载时的 U 相输出波形

二、主控元件的触发与驱动电路

(一)对触发电路的要求

晶闸管对触发电路的基本要求有下列四个方面:

(1)触发信号要有足够的功率。

(2)触发脉冲必须与主回路电源电压保持同步。

(3)触发脉冲要有一定的宽度,前沿要陡。

(4)触发脉冲的移相范围应能满足主电路的要求。

（二）常见电路

1. 单结晶体管触发电路

单结晶体管触发电路如图 1-67 所示。

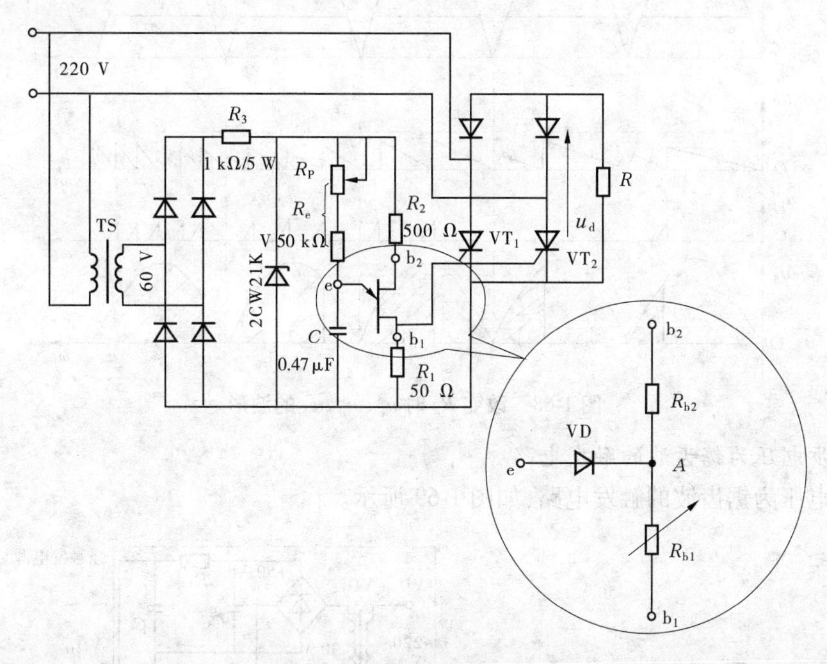

图 1-67 单结晶体管触发电路

为了使晶闸管每次导通的控制角 α 都相同，从而得到稳定的输出电压，触发脉冲必须在电源电压每次过零后滞后 α 角出现，因此触发脉冲与电源电压的相位配合需要同步。图 1-67为单结晶体管触发电路，图中同步电路由同步变压器 TS、整流桥以及稳压管组成。变压器一次侧接主电路电源，二次侧经整流、稳压削波，得到梯形波 u_Z，作为触发电路电源，也作同步信号 u_S 用。当主电路电压过零时，触发电路的同步电压也过零，单结晶体管的 U_{bb} 也降为零，管内 A 点电位 $U_A=0$，保证电容电荷很快放完，在下一个半波开始时能从零开始充电，从而使各半周的控制角一致，起到同步作用。图 1-68 为 u_C、u_{b1}、u_d 的波形，从图中可以看出，改变 R_e 时，u_C、u_{b1}、u_d 波形的变化情况。从图中还可以看出每半个电源周期中电容 C 充放电不止一次，晶闸管只由第一个脉冲触发导通，后面的脉冲不起作用。改变 R_e 就可改变电容的充电速度，从而达到调节 α 角的目的。增加 R_e 值，可推迟第一个脉冲出现的时刻，即 α 增大；反之，α 减小。由于只有阳极电压为正的晶闸管才能触发导通，因此在图 1-67 中，可将触发脉冲同时送到两个晶闸管 VT_1、VT_2 的门极，这样既可保证这两个晶闸管轮流正常导通，又可使电路简化。

若触发脉冲直接由电阻 R_1 上取出，则触发电路与主电路之间有直接的电气联系，很不安全。因此，实际应用中，常将脉冲由脉冲变压器输出，以实现输出的两个脉冲之间以及触发电路与主电路之间的电气隔离。同时，常用晶体管代替电路中的 R_e，以实现自动移相。

单结晶体管触发电路简单，只用于控制精度要求不高、功率 4 kW 以下的单相小容量晶闸管系统中。

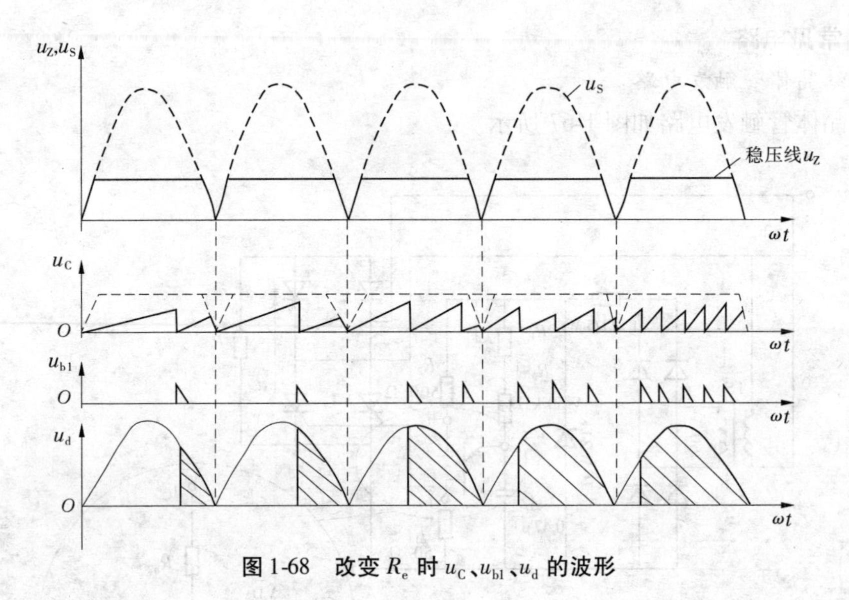

图 1-68　改变 R_e 时 u_C、u_{b1}、u_d 的波形

2. 同步电压为锯齿波的触发电路

同步电压为锯齿波的触发电路，如图 1-69 所示。

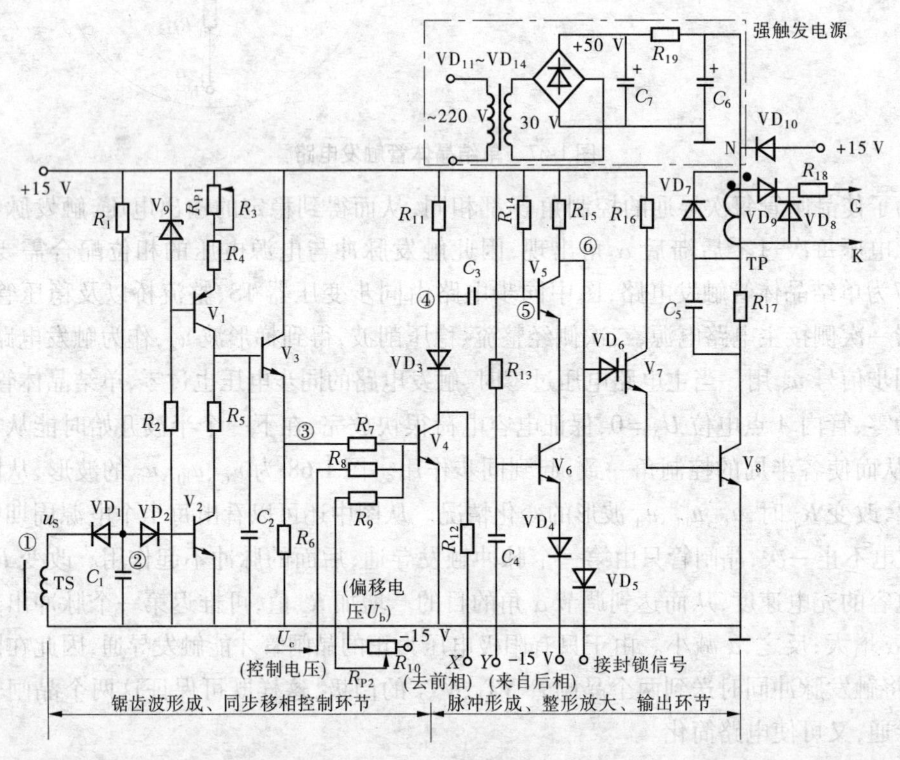

R_1、R_6—10 kΩ；R_2、R_4—4.7 kΩ；R_5—200 Ω；R_7—3.3 kΩ；R_{13}、R_{14}—30 kΩ；R_8—12 kΩ；R_9、R_{11}—6.2 kΩ；R_{12}—1 kΩ；
R_{15}—6.2 kΩ；R_{16}—200 Ω；R_{17}—30 Ω；R_{18}—20 Ω；R_{19}—300 Ω；R_3、R_{10}—1.5 kΩ；C_7—2 000 μF；C_1、C_2、C_6—1 μF；
C_3、C_4—0.1 μF；C_5—0.47 μF；V_1—3CG1D；V_2 ~ V_7—3DG12B；V_8—3DA1B；V_9—2CW12；
VD_1 ~ VD_9—2CP12；VD_{10} ~ VD_{14}—2CZ11A

图 1-69　同步电压为锯齿波的触发电路

同步电压为锯齿波的触发电路由 5 个基本环节构成:同步环节,锯齿波形成及同步移相控制环节,脉冲形成、整形放大和输出环节,双脉冲形成环节和强触发环节。

3. 移相集成触发电路和数字触发电路

相控集成触发器主要有 KC 系列和 KJ 系列,本节主要介绍 KC 系列中的 KC04 与 KC41C 及由其组成的三相全控桥触发电路。另外,微机控制的数字触发电路调节方便、工作可靠、易于实现自动化。

1)KC04 移相集成触发器

KC04 移相集成触发器是具有 16 个引脚的双列直插式集成元件,适用于单相、三相全控桥式装置中,作晶闸管双路脉冲相控触发。KC04 与分立元件构成的触发电路的同步电压与锯齿波触发电路相似,也是由同步、锯齿波形成、移相控制、脉冲形成与放大输出等环节构成的,其内部电路如图 1-70 所示。

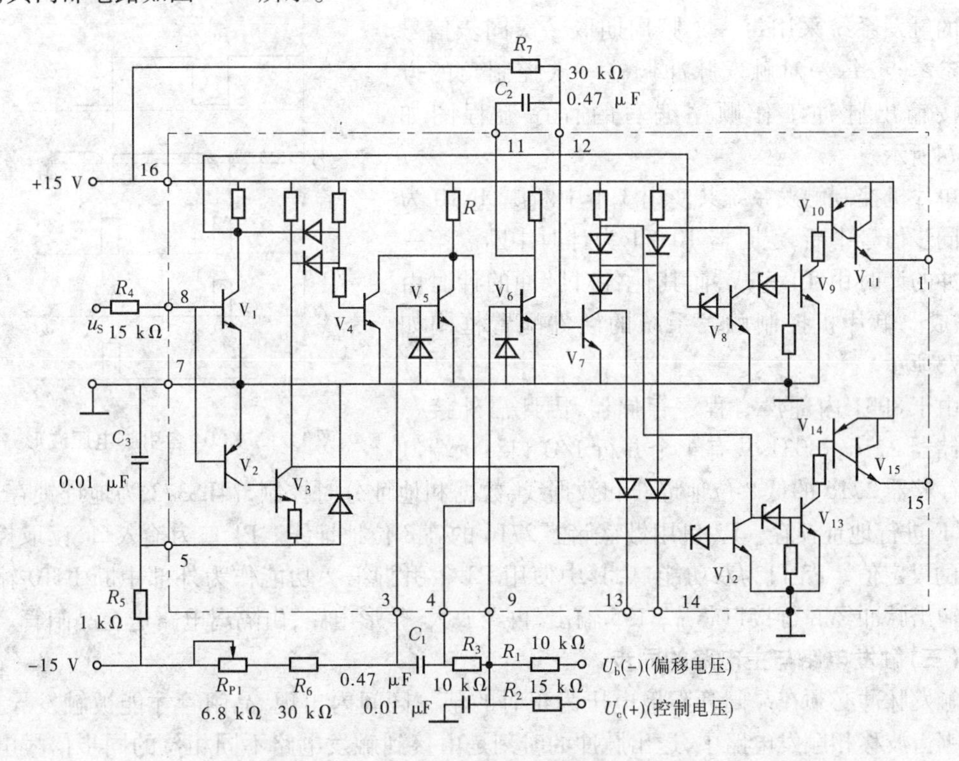

1 ~ 16—KC04 引脚(个别引脚图中未显示)

图 1-70　KC04 内部电路图

KC04 电路各引脚电压波形如图 1-71 所示。

2)KC04、KC41C 组成的三相集成触发电路

由 KC04、KC41C 组成的三相全控桥双窄脉冲集成触发电路如图 1-72 所示。

由三块 KC04 与一块 KC41C 外加少量分立元器件,可以组成三相全控桥的集成双脉冲触发电路,它比分立元器件电路要简单得多。三块 KC04 移相触发器的 1 端与 15 端产生的 6 个主脉冲分别接到 KC41C 的 1 ~ 6 端,经内部集成二极管电路形成双窄脉冲,再由内部集成三极管电路放大后经 10 ~ 15 端输出。输出的脉冲信号接到 6 个外部晶体管 $V_1 \sim V_6$ 的基极进行功率放大,可得到 800 mA 的触发脉冲电流,以触发大功率的晶闸管。

3）数字触发电路

在各种数字触发电路中，微机组成的数字触发电路结构简单、控制灵活、准确可靠。其系统框图如图1-73所示。

图1-73所示的触发系统中，控制角α的设定值以数字形式通过接口电路传给微机，微机以同步电压基准点作为计时起点开始计数。当计数器与控制角α所对应的设定值一致时，微机就发出触发信号，该信号再经接口电路、输出脉冲放大、整形电路，由隔离电路送至晶闸管。

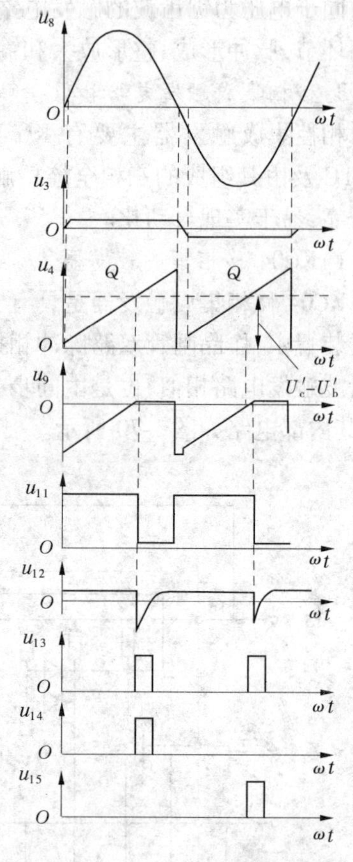

图1-71　KC04各引脚电压波形

由MCS－51系列8031单片机组成的三相全控桥电路的触发系统采用每一工频周期取一次同步信号作为参考点，每一对触发脉冲调整一次控制角的方法。按输出脉冲工作顺序编写的程序流程图如图1-74所示。

单片机控制触发系统共使用3个中断源，INT0为外部同步信号中断，定时器T0、T1为计时中断。第一对脉冲的计时由T0完成，而其他各对脉冲的计时由T1完成。单片机控制触发系统的硬件配置框图如图1-75所示。

由于8031内部没有程序存储器，因此需外接一片存储器2716。8031共有4个并行I/O口，P0端口用做存储器2716的低8位地址线和数据线，数据和地址分时控制，74LS373为地址锁存器，由ALE进行地址锁存。P2口用做存储器2716的高8位地址线。P1口为输入口，读取控制角α的设定值。P3口为双功能口，其中使用P3.2引脚第2功能作为外部中断INT0输入端。输出脉冲经并行接口芯片8155输出，再经放大、整形电路，由隔离电路送至晶闸管。

（三）触发电路与主电路的同步

触发脉冲必须在晶闸管阳极电压为正时的某一区间内出现，晶闸管才能被触发导通。而在锯齿波移相触发电路中，送出脉冲的时刻是由接到触发电路不同相位的同步信号电压u_S来定位的，由控制电压与偏移电压的大小来实现移相。所谓同步，是指把一个与主电路晶闸管所受电源电压保持合适相位关系的电压提供给触发电路，确保主电路各晶闸管在每一个周期中按相同的顺序和触发延迟角被触发导通。我们将提供给触发电路合适相位的电压称为同步信号电压。确定同步信号电压与晶闸管主电压的相位关系称为同步或定相。同步或定相问题是三相交流电路的重要组成部分。实现同步的方法如下：

（1）根据主电路的结构、负载的性质及触发电路的形式与脉冲移相范围的要求，确定该触发电路的同步信号电压u_S与对应晶闸管阳极电压u_U之间的相位关系。

（2）根据整流变压器TR的接法，以某线电压作参考矢量，画出整流变压器二次电压即晶闸管阳极电压的矢量图，再根据步骤1确定的同步信号电压u_S与晶闸管阳极电压u_U的相位关系，画出电源的同步相电压和同步线电压矢量图，确定同步变压器的接线组标号。

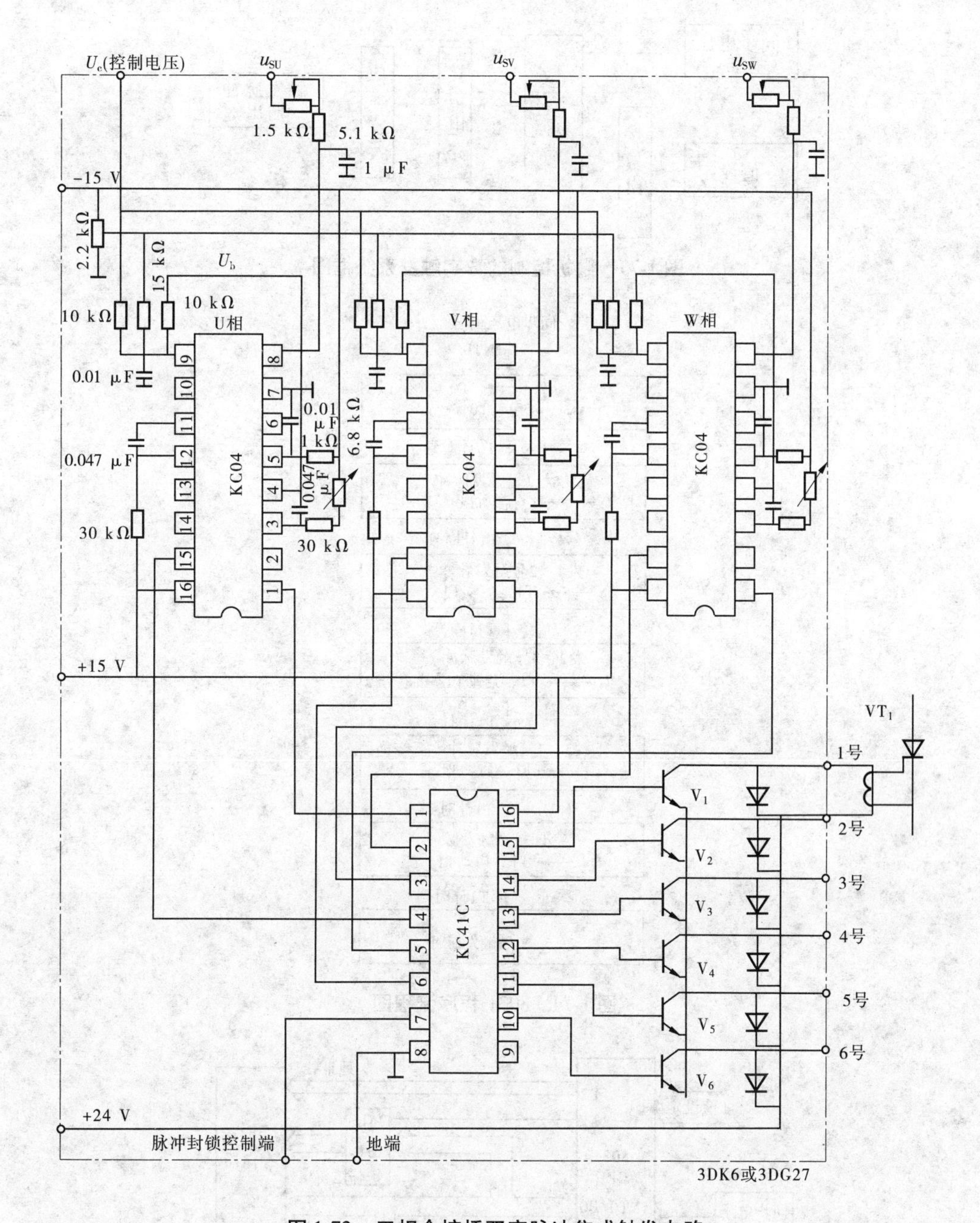

图 1-72　三相全控桥双窄脉冲集成触发电路

(3)根据同步变压器二次线电压矢量位置,定出同步变压器 TS 的接法,然后确定出 u_{SU}、u_{SV}、u_{SW}分别接到 VT_1、VT_3、VT_5 管触发电路输入端,$u_{S(-U)}$、$u_{S(-V)}$、$u_{S(-W)}$分别接到 VT_4、VT_6、VT_2 管触发电路的输入端,这样就保证了触发电路与主电路的同步。

三相全控桥式电路带电感性负载主电路和同步电路的接线如图 1-76 所示。

电网三相电源为 U_1、V_1、W_1,经整流变压器 TR 供给晶闸管桥路,对应的电源为 U、V、W,假定控制角为 α,则 $u_{g1} \sim u_{g6}$这 6 个触发脉冲应在各自的自然换相点,依次相隔 60°。要保证每个晶闸管的控制角一致,6 块触发板 1CF ~ 6CF 输入的同步信号电压 u_S 也必须依次

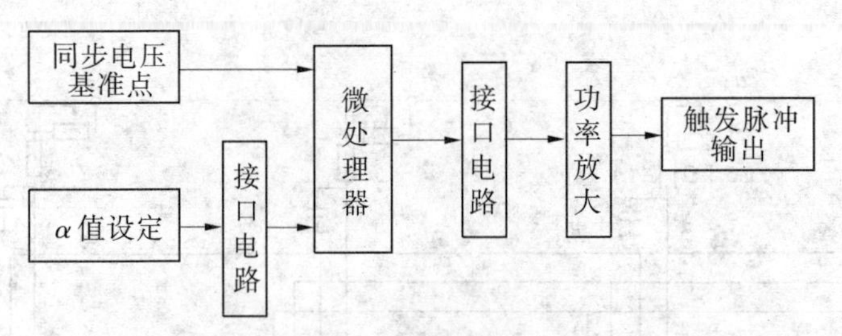

图 1-73　微机控制的数字触发系统框图

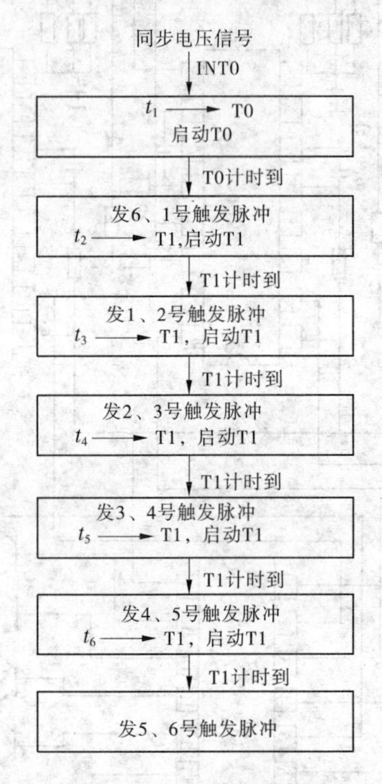

图 1-74　8031 程序流程图

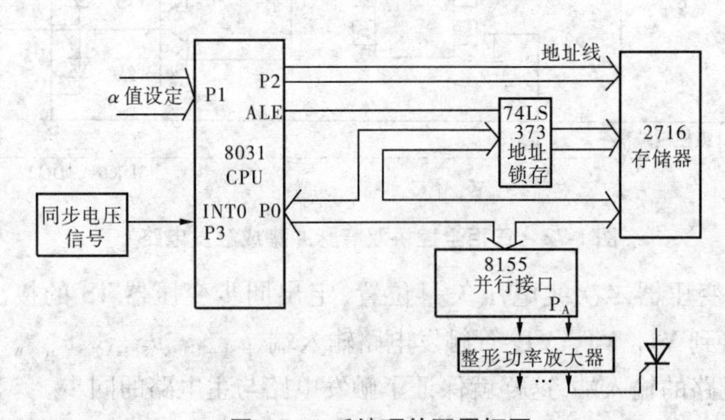

图 1-75　系统硬件配置框图

相隔 60°。为了得到 6 个不同相位的同步信号电压，通常用一只三相同步变压器 TS，它具有两组二次绕组，二次侧得到相隔 60°的 6 个同步信号电压分别输入 6 个触发电路。因此，只要一块触发板的同步信号电压相位符合要求，那其他 5 个同步信号电压相位也肯定正确。

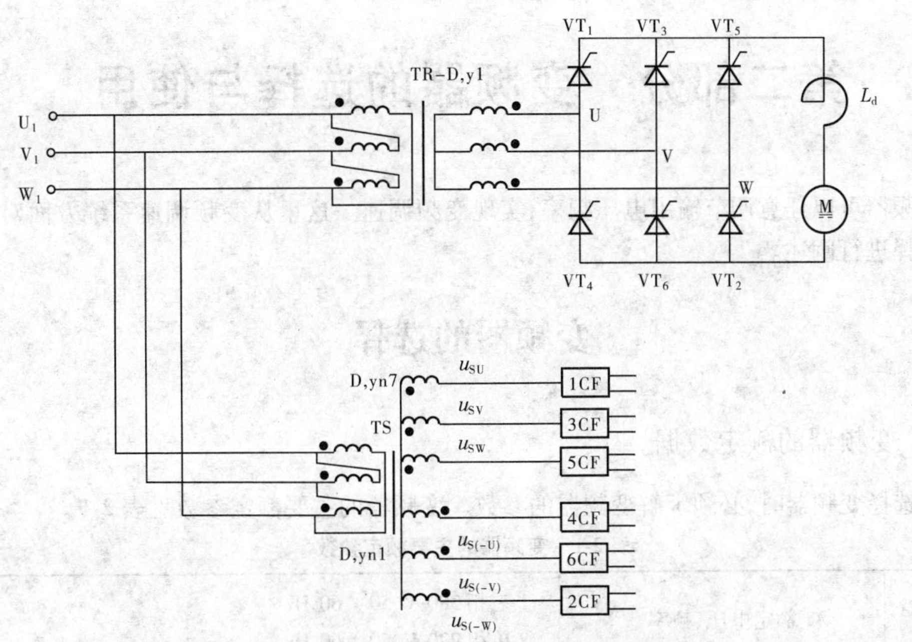

图 1-76　三相全控桥式电路带电感性负载主电路和同步电路的接线

每个触发电路的同步信号电压 u_S 与被触发晶闸管的阳极电压间的相位关系，取决于主电路的结构、触发电路的形式、负载的性质以及不同的移相要求。

第二部分　变频器的选择与使用

变频器可以任意调节输出电压频率,实现变频调速。这里从变频调速系统方面对变频器的选择进行阐述。

变频器的选择

一、变频器的额定数据

在选择变频器时,必须了解变频器的参数。变频器的主要额定参数见表2-1。

表2-1　变频器的主要额定参数

<table>
<tr><td rowspan="2">输入</td><td>额定电压、频率</td><td colspan="6">①三相380 V、50 / 60 Hz
②单相220 V、50 / 60 Hz</td></tr>
<tr><td>电压允许变动范围</td><td colspan="6">①三相320 ~ 460 V、失衡率 <3%、频率15%
②单相180 ~ 250 V、失衡率 <3%、频率15%</td></tr>
<tr><td rowspan="6">输出</td><td>电压(V)</td><td colspan="6">① 0 ~ 380
② 0 ~ 220</td></tr>
<tr><td>频率(Hz)</td><td colspan="6">0 ~ 500</td></tr>
<tr><td>过载能力(S2系列)</td><td colspan="6">150%额定电流、1 min</td></tr>
<tr><td>额定容量(kVA)</td><td>29.6</td><td>39.5</td><td>49.4</td><td>60.0</td><td>73.7</td><td>98.7</td></tr>
<tr><td>额定输出电流(A)</td><td>45</td><td>60</td><td>75</td><td>91</td><td>112</td><td>150</td></tr>
<tr><td>适配电动机功率(kW)</td><td>22</td><td>30</td><td>37</td><td>45</td><td>55</td><td>75</td></tr>
</table>

注:变频器的容量一般为1.1 ~ 1.5倍电动机的容量。

(一)输入侧的额定参数

1. 额定电压

在我国,中小容量变频器的输入电压主要有以下几种:

(1)380 V,三相输入,绝大多数变频器的常用电压。

(2)220 V,单相输入,主要用于某些进口设备和家用电器中。

2. 额定频率

常见的额定频率是50 Hz和60 Hz。

(二)输出侧的额定参数

1. 额定电压

因为变频器的输出电压是随频率而变的,并非常数,所以变频器是以最大输出电压作为额定电压的。一般来说,变频器的输出额定电压总是和输入额定电压大致相等的。

2. 额定电流

额定电流 I_N 是指允许长时间输出的最大电流,是用户选择变频器的主要依据。

3. 额定容量

变频器的额定容量 S_N 由额定电压 U_N 和额定电流 I_N 的乘积决定,其关系式为

$$S_N = \sqrt{3} U_N I_N \tag{2-1}$$

式中:S_N 为变频器的额定容量,kVA;U_N 为变频器的额定电压,V;I_N 为变频器的额定电流,A。

4. 适配电动机功率

适配电动机功率 P_N 是指变频器允许配用的最大电动机容量。但由于在许多负载中,电动机是允许短时间过载的,所以说明书中的适配电动机功率仅对连续不变负载才是完全适用的。对于各类变动负载来说,适配电动机功率常常需要降低档次。

5. 输出频率范围

输出频率范围是指变频器输出频率的调节范围。

6. 过载能力

变频器的过载能力是指其输出电流超过额定电流的允许范围,大多数变频器都规定为额定电流的 150%、1 min。过载电流的允许时间也具有反时限特性,即如果超过额定电流的倍数不大的话,则允许过载的时间可以延长,如图 2-1 所示。

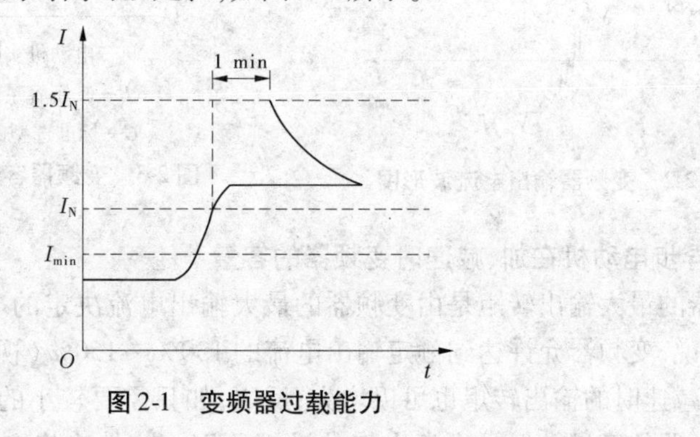

图 2-1　变频器过载能力

二、变频器容量的计算

变频器容量的确定是选择变频器关键的一步,如果容量选择不准确,会造成变频器及电动机发热,也达不到预期的应用效果。选择变频器时,要以电动机容量和电动机的工作状态作为依据。由于变频器输出回路是电子开关逆变电路,其输出电流过载能力很差,因此当电动机的额定电压(电压为 220 V 或 380 V)选定后,选择变频器容量时,主要是计算变频器的输出电流,如果变频器的输出电流满足了电动机的工作要求,变频器就可以安全工作了。在实际应用中,常依据以下几个原则来选择变频器。

(一)连续不变负载运行时变频器的容量

计算变频器容量时,变频器的额定电流是一个关键量,一旦异步电动机容量和电压确定,就应当根据异步电动机的额定电流来选择变频器,或者根据异步电动机实际运行过程中可能出现的最大工作电流来计算变频器的容量。但是异步电动机运行方式不相同时,变频

器应满足的条件也不一样,变频器容量的计算方法和选择原则也不同,应采用对应的方法进行容量的计算和对应的原则进行选择。

(二)连续运转方式下变频器的容量

如图 2-2 所示为变频器输出电流波形图。连续运转方式通常指负载不频繁加、减速而连续运行的方式。在这种运行场合使用变频器控制异步电动机调速,可以选择变频器的额定工作电流等于电动机的额定工作电流,但考虑到变频器的额定输出电流为脉动电流,比工频供电时电动机的电流要大,所以选择容量时适当留有余地,一般按下式计算

$$I_N \geqslant (1.05 \sim 1.1) I'_N \text{ 或 } I_N \geqslant (1.05 \sim 1.1) I_{max} \tag{2-2}$$

式中:I_N为变频器额定输出电流,A;I'_N为电动机额定电流,A;I_{max}为电动机实测最大工作电流,A。

如果按电动机的实测最大工作电流选取,变频器的容量可以适当减小,如图 2-3 所示为变频器容量按最大电流选择的曲线。

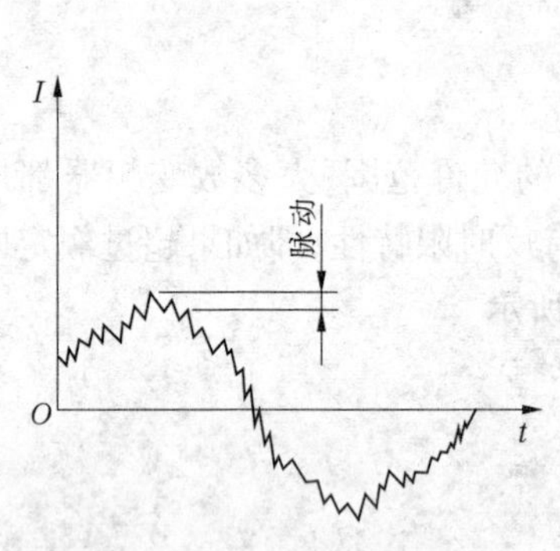

图 2-2　变频器输出电流波形图

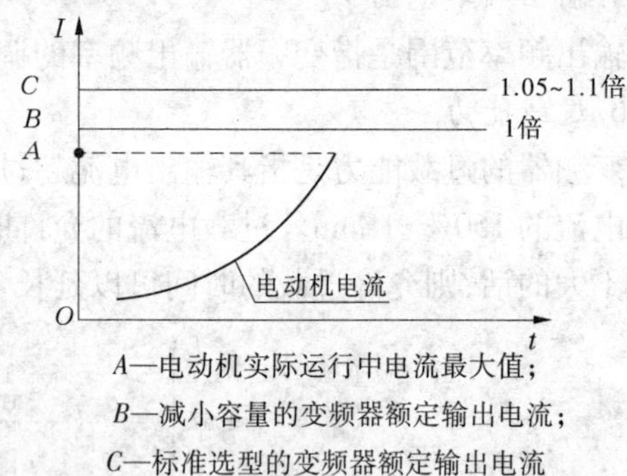

A—电动机实际运行中电流最大值;

B—减小容量的变频器额定输出电流;

C—标准选型的变频器额定输出电流

图 2-3　变频器容量按最大电流选择的曲线

(三)异步电动机在加、减速时变频器的容量

变频器的最大输出转矩是由变频器的最大输出电流决定的。一般情况下,对于短时的加、减速来说,变频器允许达到额定输出电流的 130% ~150%(视变频器容量有别)。因此,在短时加、减速时的输出转矩也可以增大;反之,如只需要较小的加、减速转矩时,常常可降低选择变频器的容量。但是由于电流的脉动原因,此时,应将变频器的最大输出电流降低 10% 后再进行选定,如图 2-4 所示。

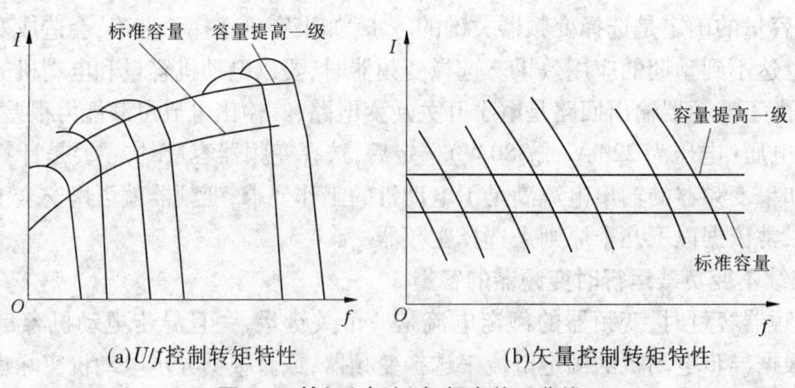

(a)U/f控制转矩特性　　(b)矢量控制转矩特性

图 2-4　转矩(电流)与频率关系曲线

(四)异步电动机在频繁加、减速时变频器的容量

如图2-5所示为电动机的运行曲线,根据异步电动机在加速、恒速、减速等各种运行状态下的电流值的情况,异步电动机在频繁加、减速运转时,变频器容量常按下式计算

$$I_N = [(I_1t_1 + I_2t_2 + \cdots + I_5t_5)/(t_1 + t_2 + \cdots + t_5)]K_g \tag{2-3}$$

式中:I_N为变频器额定输出电流,A;I_1、I_2、…、I_5为各运行状态下的平均电流,A;t_1、t_2、…、t_5为各运行状态下的时间,min;K_g为安全系数,运行频繁时取1.2,其他条件时取1.1。

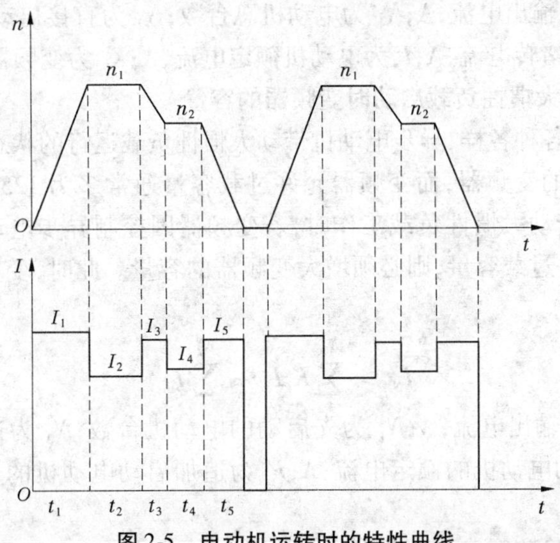

图2-5 电动机运转时的特性曲线

(五)异步电动机直接启动时变频器的容量

三相异步电动机直接在工频启动时,启动电流为其工作时额定电流的5~7倍,功率小于10 kW的容量不大的电动机直接启动时,可按下式计算变频器的容量

$$I_N \geqslant I_K/K_g \tag{2-4}$$

式中:I_N为变频器额定输出电流,A;I_K为额定电压、额定频率下电动机启动时的堵转电流,A;K_g为变频器的允许过载倍数,$K_g = 1.3 \sim 1.5$。

(六)异步电动机电流变化不规则时变频器的容量

在运行中,由于各种因素,电动机电流可能出现不规则的变化,此时不易获得运行特性曲线。这时计算出的变频器额定输出电流,必须大于等于电动机在输出最大转矩时的实际电流,即

$$I_N \geqslant I_{max} \tag{2-5}$$

式中:I_N为变频器额定输出电流,A;I_{max}为电动机在输出最大转矩时的实际电流,A。

(七)多台异步电动机由一台变频器控制时变频器的容量

一台变频器控制多台电动机工作,且多台电动机并联运行,即成组传动。用一台变频器控制多台电动机并联运转时,对于一小部分电动机先开始启动后,再追加投入其他电动机启动的场合,变频器的电压、频率已经上升,追加投入的电动机将产生很大的启动电流,此时,变频器容量与同时启动时相比需要选择大些。以变频器短时过载能力为150%、1 min为例计算变频器的容量,若电动机加速时间在1 min内,应考虑以下几点:

(1)在电动机总功率相等的情况下,由多台小功率电动机组成的一方,比台数少但电动

机功率较大的一方效率低。因此，两者电流总值并不相等，可根据各电动机的电流总值来选择变频器。

（2）多台电动机依次直接启动，该启动方式对变频器影响最大。

（3）在软启动、软停止时，一定要按启动最慢的那台电动机进行确定。

（4）如有一部分电动机直接启动，可按下式进行计算

$$I_N \geqslant [N_2 I_K + (N_1 - N_2) I'_N] / K_g \tag{2-6}$$

式中：I_N为变频器额定输出电流，A；N_1为电动机总台数；N_2为直接启动的电动机台数；I_K为电动机直接启动时的堵转电流，A；I'_N为电动机额定电流，A；K_g为变频器允许过载倍数。

（八）电动机带动大惯性负载启动时变频器的容量

由于负载的情况各种各样，异步电动机带动大惯性负载运行的状态经常存在，往往需要经常使用过载容量大的变频器，而变频器允许过载容量通常多为125%、1 min或150%、1 min。当异步电动机带动大惯性负载工作时，若变频器因控制异步电动机在这种状态下工作，过载容量超过允许过载容量，则必须增大变频器的容量。此时，变频器的额定输出电流可按下式计算

$$I_N \geqslant \sum^{N_1} K_g I_m + \sum^{N_2} I_{ms} \tag{2-7}$$

式中：I_N为变频器额定输出电流，A；N_1为先启动的电动机台数；N_2为追加投入启动的电动机台数；I_m为先启动的电动机的额定电流，A；I_{ms}为追加启动电动机的启动电流，A；K_g为安全系数，一般取1.1。

（九）电动机拖动较轻负载时变频器的容量

由于电动机的电抗随电动机容量的不同而不同，即使电动机电流相同，电动机容量越大，其脉动电流值也越大，因而会超过变频器内逆变器部分的过电流承受量。电动机负载非常轻时，即使电动机电流在逆变器部分额定电流以内，也不能使用比与电动机容量相对应的逆变器额定电流小很多的逆变器，因为变频器在使用时，负载率在30%以上为最佳使用状态。电动机的实际负载比电动机的额定输出功率小时，对于通用变频器，即使实际负载很轻，使用比按电动机额定功率选择的变频器容量小的变频器也不是理想状态。

以上介绍的是几种不同情况下变频器容量的确定方法，具体选择容量时，既要充分利用变频器的过载能力，又要不至于在负载运行时使装置超温，要综合考虑。

三、变频器类型的选择

目前，国内外已有众多生产厂家定型生产多个系列的变频器，使用时应根据实际需要选择满足使用要求的变频器。选型不当会造成变频器不能充分发挥作用，安装不规范会使变频器因散热不良而过热，布线不合理会使干扰增强，这些都可能造成变频器工作时不正常。

通常主要依据以下原则，进行变频器类型的选择：

（1）由于风机和泵类负载在低速运行时转矩较小，对过载能力和调速精度要求不是很高，可以选用价廉的变频器控制此类负载的运行，节约投资。

（2）如果异步电动机拖动的负载具有恒转矩特性，但在运行时对调速精度及动态性能等方面要求不高，应当选用无矢量控制型变频器控制异步电动机的运行。

(3)如果异步电动机在低速运行时要求有较硬的机械特性,并要求异步电动机有一定的调速精度,但在运行时对动态性能方面无较高的要求,可选用不带速度反馈的矢量控制型变频器控制异步电动机的运行。

(4)如果异步电动机拖动负载时对调速精度和动态性能方面都有较高要求,可选用带速度反馈的矢量控制型变频器控制异步电动机的运行。

(一)根据负载的要求选择变频器

1.恒转矩负载

对于恒转矩负载,选择变频器时应注意以下几点:

(1)电动机应选变频器专用电动机。

(2)变频柜应加装专用冷却风扇。

(3)增大电动机容量。

(4)降低负载特性。

(5)增大变频器的容量。

(6)变频器的容量与电动机的容量关系应根据品牌来确定,一般为1.1~1.5倍电动机的容量。

2.平方转矩负载

平方转矩负载对调速精度没有什么要求,故选型时通常以价廉为主要原则,选择普通功能型通用变频器。

3.恒功率负载

当电动机达到特定速度段时,按恒转矩运转;超过特定速度段时,按恒功率运转。恒功率运转主要应用于卷扬机、机床主轴。对于恒功率负载,选择变频器时要注意以下几点:

(1)一般要求负载低速时有较硬的机械特性,才能满足生产工艺对控制系统的动态、静态指标要求。如果控制系统采用开环控制,可选用不带速度反馈的矢量控制型变频器。

(2)对于调速精度和动态性能指标都有较高要求,以及要求高精度同步运行等场合,可采用带速度反馈的矢量控制方式的变频器。如果控制系统采用闭环控制,可选用能够四象限运行、U/f控制方式、具有恒转矩功能的变频器。

(二)根据环境选择变频器

在变频器实际应用中,为了降低成本,大多将变频器直接安装于工作现场。工作现场一般灰尘大、温度高,在南方还有湿度大的问题;另外,外界的干扰也影响变频器的正常使用。因此,对变频器的工作环境有一定要求。

1.温度

变频器环境温度范围为-10~+50℃,一定要考虑通风散热。

2.相对湿度

变频器的相对湿度应符合IEC/EN 60068-2-6的规定。

3.抗震性

变频器的抗震性应符合IEC/EN 60068-2-3的规定。

4.抗干扰性

变频器所受干扰主要有以下两种:

(1)外来干扰。变频器采用了高性能微处理器等集成电路,对外来电磁干扰较敏感,会因电磁干扰的影响而产生脉动电流,对运转造成恶劣影响。外来干扰多通过变频器控制电缆侵入,所以铺设控制电缆时必须采取充分的抗干扰措施。

(2)变频器产生的干扰。变频器输入和输出电流的波形含有很多高次谐波成分,它们将以空中辐射、线路传播等方式把能量传播出去,对周围的电子设备、通信和无线电设备的工作产生干扰。因此,在选择变频器时,要采取措施削弱干扰信号。

(三)根据相关参数选择变频器

1. 最大输出电流

选择变频器容量的基本原则是:能带动负载,在生产工艺所要求的各个转速点长期运行不过热;最大输出电流不能超过变频器额定电流的允许范围,大多数变频器都规定为额定电流的150%、1 min。

2. 输出频率

变频器的最高输出频率根据机种的不同而有很大的不同,有50 Hz、60 Hz、120 Hz、240 Hz或更高。50 Hz、60 Hz以在额定速度以下范围进行调速运转为目的,适合大容量的通用变频器。最高输出频率超过工频的变频器多为小容量,在50 Hz/60 Hz以上区域,由于输出电压不变,变频器输出为恒功率特性,要注意在高速区转矩的减小。车床等机床根据工件的直径和材料改变速度,若在恒功率的范围内使用,轻载时采用高速可以提高生产率,但要注意不要超过电动机和负载的容许最高速度。可根据由变频器的使用目的所确定的最高输出频率来选择变频器。

3. 输出电压

变频器输出电压可按电动机额定电压选定。按国家标准,输出电压可分成220 V系列和380 V系列两种。对于3 kV的高压电动机使用380 V系列的变频器,可以在变频器的输入侧装设输入变压器,在输出侧安装输出变压器,将3 kV先降为380 V,再将变频器的输出电压升到3 kV。

4. 加/减速时间

加/减速时间反映电动机加/减速的快慢,并且影响变频器的输出电流。一般情况下,对于短时间的加/减速,变频器允许达到额定输出电流的130%~150%。因此,短时间内的输出转矩也可以增大。

5. 电压频率比

电压频率比 U/f 作为变频器独特的输出特性,表示相对于输出频率改变的输出电压的变化特性。选择的变频器具有合适的电压频率比,可以高效率地利用电动机,如控制泵和风机的电压频率比可以节能。

6. 调速范围

根据系统的要求,选择的变频器必须能覆盖所需要的速度范围。因此,变频器的选择,要根据实际情况,做到既能满足用户要求,又能保证变频器整体选择的经济性。

7. 保护结构的选择

变频器内部产生的热量大,考虑到散热的经济性,除小容量变频器外几乎都是开启式结构,采用风扇进行强制冷却。变频器设置场所在室外或周围环境恶劣时,最好装在独立盘上，采用具有冷却用热交换装置的全封闭式。

对于小容量变频器，在粉尘、油雾多的环境下或者棉绒多的纺织厂内也可采用全封闭式结构。

8. 电网与变频器的切换的选择

把用工频电网运转的电动机切换到变频器运转时，一旦断掉工频电网，必须等电动机完全停止以后，再切换到变频器侧启动。但从电网切换到变频器时，对于无论如何也不能一下子完全停止的设备，需要选择具有不使电动机停止就能切换到变频器侧的控制装置（选用件）的机种。一般切换电网后，使自由运转中的电动机与变频器同步，然后使变频器输出功率。

9. 瞬停再启动的选择

发生瞬时停电使变频器停止工作，但恢复通电后不能马上就开始工作，需等电动机完全停止然后再启动。这是因为再次开机时的频率不适当，会引起过电压、过电流保护动作，造成故障而停止。但是对于生产流水线等，由于设备上的关系，由变频器传动的电动机一旦停止则影响生产。这时，要选择电动机在瞬时停电中变频器可以开始工作的控制装置，所以在选择变频器时应当确认其具有该功能。

10. 启动转矩和低速区转矩

电动机使用通用变频器启动时，其启动转矩同用工频电源启动时相比，多数较小，根据负载的启动转矩特性有时不能启动。另外，低速运转区的转矩有比额定转矩减小的倾向。用选定的变频器和电动机不能满足负载所要求的启动转矩和低速区转矩时，变频器和电动机的容量还需要再加大。例如，在某一速度下，需要最初选定的变频器和电动机的额定转矩为70%的转矩时，如果由输出转矩特性曲线只能得到50%的转矩，则变频器和电动机的容量都要重新选择，为最初选定容量的1.4倍以上。

变频器的安装

一、变频器的工作环境

变频器要想长期稳定运行，安装的环境与使用的条件必须符合要求。

（一）变频器周围温度的测量位置

如图2-6所示为变频器周围温度的测量位置。通过对变频器周围温度的测量，确定变频器安装的合适位置。

（二）允许温度范围

变频器的允许温度范围为－10～＋50 ℃（温度过高或过低都将产生故障），应避免阳光直射变频器。

（1）上限温度。对于单元型变频器，装入配电柜或控制盘内等使用时，考虑柜内预测温升10 ℃，则上限温度多定为40 ℃。

（2）下限温度。变频器周围温度的下限值多为0 ℃或－10 ℃，以不严重冻结为前提条件。

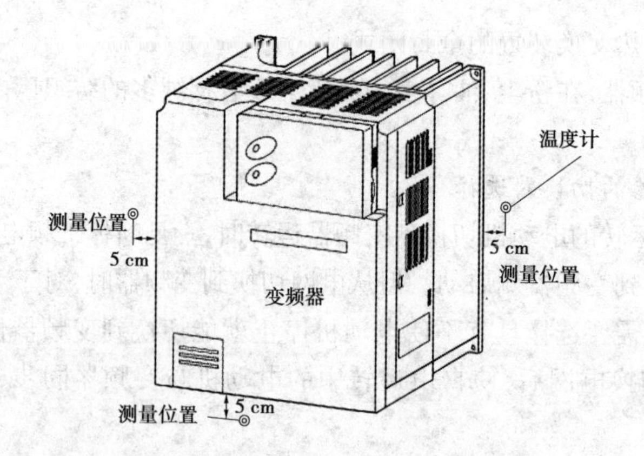

图 2-6　变频器周围温度的测量位置

(3)如果变频器为全封闭式结构,此时,对于上限温度为 40 ℃的壁挂式单元型变频器,装入配电柜内使用时,为了减少温升,可以装设通风管(选件)。

(三)周围湿度的控制

要注意防止水或水蒸气直接进入变频器内,以免引起漏电,甚至打火、击穿等现象。周围湿度过高,也可使变频器电气绝缘性能降低和金属部分腐蚀。为此,变频器安装平面应高出水平地面 800 mm 以上。

二、变频器的通风设置及安装方式

变频器产生的热量主要取决于变频器的容量及其驱动电动机的负载,同时配电柜内同变频器一起安装使用的选件、功率改善电抗器及制动单元(包括制动电阻)也会产生热量,这些因素都是变频器热量的来源。

(一)变频器安装空间及通风

1. 安装空间的选择

(1)顶部、底部以及两侧所需的间隙对敞开机架型和封闭壁挂型变频器是相同的。

(2)变频器的许可入口空气温度为: -10 ~ +40 ℃。

(3)上部和下部区域要留有足够的散热空间,以便进气和排气通畅。

(4)安装时,注意不要使异物掉落在风道内,以免风扇损坏。

(5)对于丝纺纤维飘絮或灰尘特别大的场合,进风口须加过滤装置。

2. 配电柜的散热及通风情况

在配电柜内安装变频器时,要注意它和通风扇的位置。配电柜中两个以上的变频器安放位置不正确时,会使通风效果变差,从而导致周围温度升高。图 2-7 给出了变频器安装空间和外部散热装置的安装,同时给出了通风扇的正确安装位置。

3. 变频器的安装方向

如果变频器安装方向不正确,其产生的热量不能及时地散去,会使变频器温度升高。变频器的安装方向如图 2-8 所示。

(二)变频器的固定

安装变频器时必须保证在安装过程没有钻孔产生的灰尘进入变频器中。变频器的固定

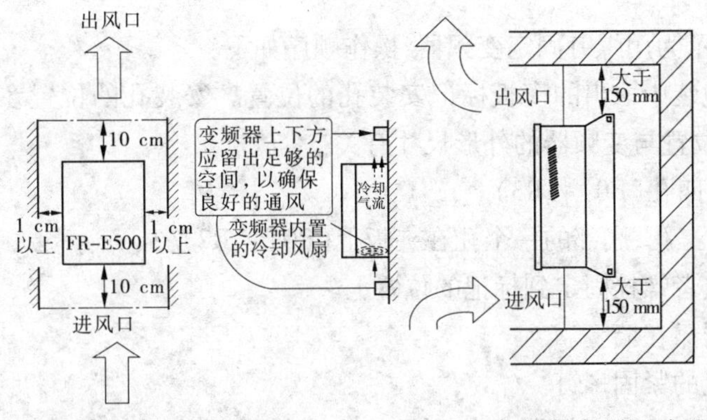

(a)变频器四周的空间距离　(b)变频器后面的空间距离

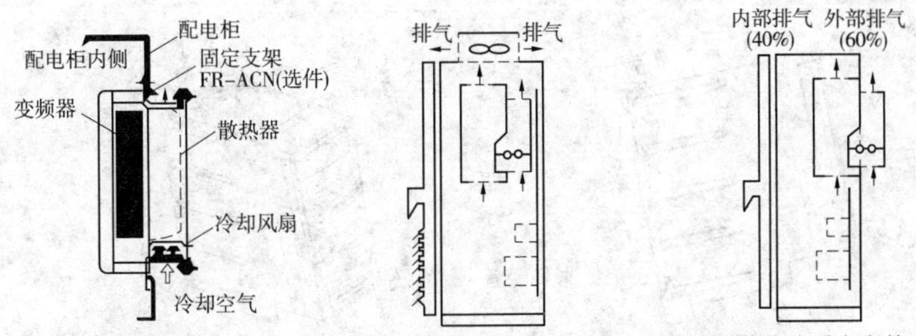

(c)外部散热器的安装　(d)变频器散热片露在盘内冷却　(e)变频器散热片露在盘外冷却

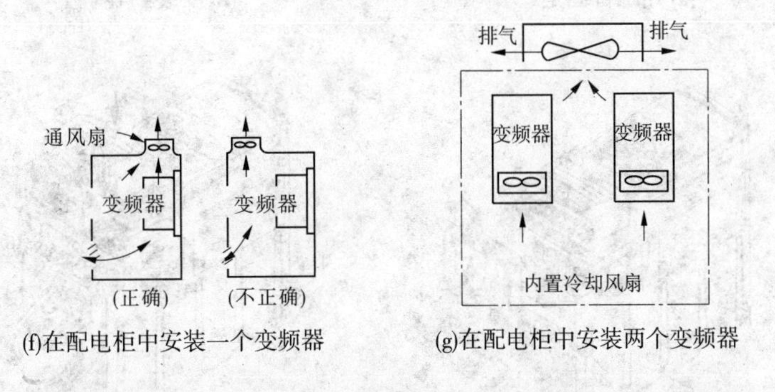

(f)在配电柜中安装一个变频器　(g)在配电柜中安装两个变频器

图 2-7　变频器安装空间、外部散热装置的安装、通风扇的安装

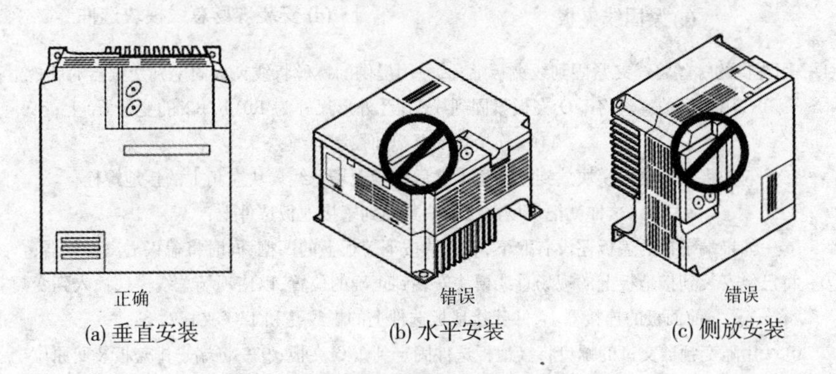

(a) 垂直安装　(b) 水平安装　(c) 侧放安装

图 2-8　变频器的安装方向

如图 2-9 所示。

图 2-9(a)所示为用螺钉固定变频器,操作顺序如下:

(1)使用从包装中取出的模板标记安装孔的位置。安装孔的位置在外形尺寸中给出。安装孔的数量和位置与变频器的外形尺寸有关:

①背面安装:四孔(R0 ~ R3)。

②侧面安装:三孔;底部的一个孔在夹板上(R0 ~ R2)。

(2)将螺丝或者螺栓固定到标记的位置上。

(3)将变频器靠在墙上。

(4)拧紧墙上的紧固螺钉。

图 2-9(b)所示为将变频器安装到导轨上。如果要将变频器从导轨上取下,请按下图 2-9(d)所示的变频器顶部的释放杆。

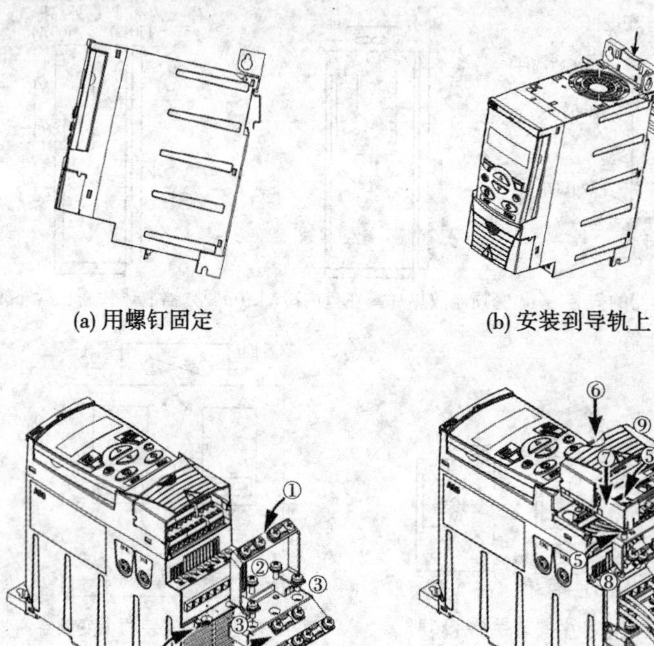

(a) 用螺钉固定　　(b) 安装到导轨上

(c) 紧固线夹板　　(d) 安装现场总线模块选件

①—用提供的螺丝将线夹紧固到线夹板上;②—用提供的螺丝将线夹板固定到变频器的底板上;
③—用提供的螺丝将 I/O 夹板紧固到线夹板(外形尺寸为 R0 ~ R2 的变频器)上;
④—连接功率电缆和控制电缆;
⑤—将现场总线模块放到接地板上然后拧紧现场总线模块左角上的接地螺栓,
这样就把现场总线模块紧固到了接地板选件上;
⑥—如果端子排的盖板还没有取下,那么请按下盖板上的凹槽,同时将盖板滑离变频器;
⑦—将已经安装到接地板上的现场总线模块安装到正确的位置,以使现场总线模块插入到变频器
前面板的连接器上,并让接地板选件上的螺纹孔和 I/O 夹板对齐;
⑧—用随变频器交付的螺钉将接地板选件固定到 I/O 夹板;⑨—将端子排盖板装回原位

图 2-9　变频器的固定

变频器的外形及接线

一、变频器的外形、结构

(一)变频器的外形

虽然生产变频器的厂家很多,变频器的型号和结构不尽相同,但其接线方式大同小异,工作原理也基本一致。不同厂家变频器的外形如图 2-10 所示。

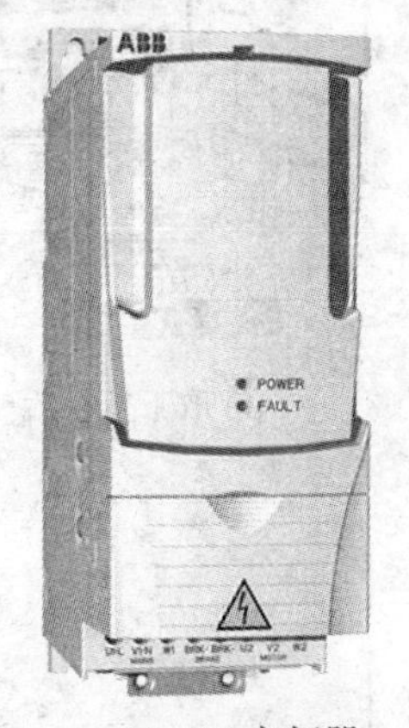

(a)ABB 变频器

(b) 西门子变频器

(c) 施耐得变频器

(d) 三菱变频器

图 2-10　不同厂家变频器的外形

(二)变频器的结构

ACS350 是一种用来控制交流电机的变频器,它可以安装到墙上或者柜体中。ACS350 型变频器取下盖板前后各器件的位置及形状如图 2-11 所示,其名称见表 2-2。

(三)变频器的内部元件框图

原始的变频器是由分立型的电力电子元件组成的,随着电力电子技术和大规模集成电路的发展,变频器现已成为由功能模块组成的大规模集成结构。某型号变频器的内部元件框图如图 2-12 所示。

(四)变频器使用时需要的外围设备

变频器使用时所需要的主要外围设备如图 2-13 所示。

为保证变频器可靠工作,往往变频器在使用过程中,还需增加以下外围设备:

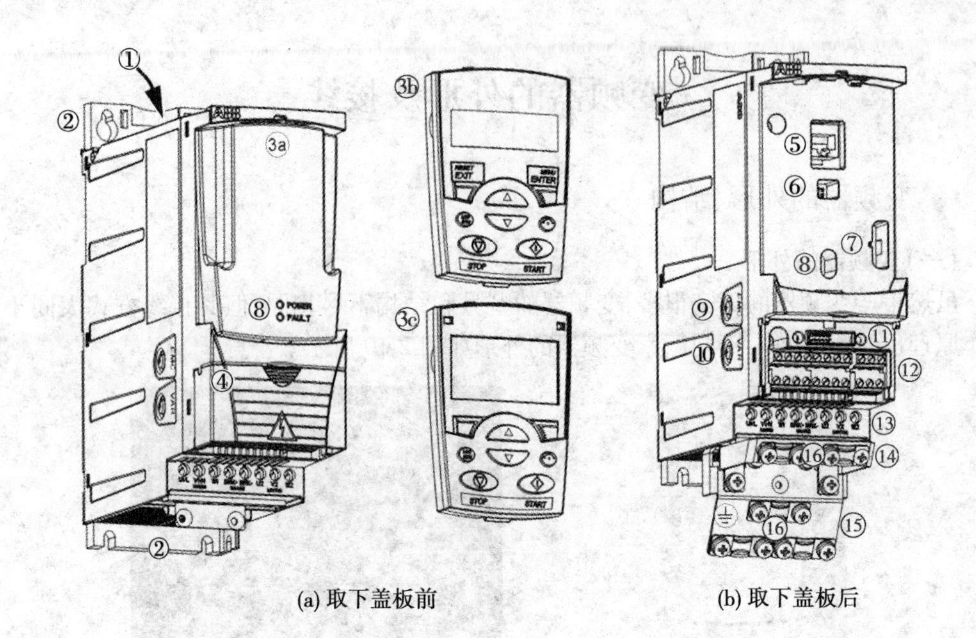

(a) 取下盖板前　　(b) 取下盖板后

RS232连接器
基本控制盘
助手控制盘
PC
Modbus RTU(RS232)

可选件接头

状态指示灯
电源正常、故障

FlashDrop接头

EMC滤波器接地螺钉

现场总线适配器
DeviceNet
PROFIBUS DP
CANopen
Modbus RTU(RS485)

压敏电阻接地螺钉

1　8　17　19

两个模拟输入
0/2/-10~+10 VDC或
0/4/-20~+20 mA
一个模拟输出
0/4~20 mA

继电器输出
250 VAC/30 VDC

mA　V

9　16　20　22

数字输出
晶体管型
数字或频率

模拟输入类型选择
V/mA

五个数字输入
D15也可以用做频率输入
PNP或NPN
12~24 VDC
内部或外部供电

U1 V1 W1 BRK+ BRK- U2 V2 W2

FU

PE L1 L2 L3

交流
功率电缆

制动电阻

M
3~

电机

(c)ACS350变频器的连接器、端子、接口

图 2-11　ACS350 变频器的外形和结构

表 2-2 图 2-11 中变频器各器件名称

序号	名称
1	顶部出风口
2	安装孔
3	控制盘盖板(a)/基本控制盘(b)/助手控制盘(c)
4	端子排盖板（或可选件电位器 MPOT-01)
5	控制盘连接头
6	可选件接头端子（BRK+，BRK-）和电机接线端子（U2，V2，W2)
7	FlashDrop 连接器
8	电源和故障指示灯
9	EMC 滤波器接地螺钉
10	压敏电阻接地螺钉(VAR)
11	现场总线适配器（串行通信模块）接头
12	I/O 端子排
13	输入功率电缆接线端子（U1，V1，W1)、制动电阻接线
14	I/O 夹板
15	夹板
16	夹子

(1)进线侧交流电抗器(ACL)。进线侧交流电抗器用于改善输入电流波形,提高整流器和电解滤波电容寿命,减少不良输入电流波形对外界电网的干扰,协调同一电源网上因晶闸管等变换器造成的波形影响,减少功率切换和三相不平衡的影响,因此也称为电源协调电抗器。在要求高的场合该电抗器便改为较复杂的电力质量滤波单元。

(2)直流电抗器(DCL)。直流电抗器用于改善电容滤波(当前电压型变频调速器主要滤波方式是电容滤波)造成的输入电流波形畸变,改善功率因数,减少和防止冲击电流造成的整流桥损坏和电容过热。当电源变压器和输电线综合内阻小时(变压器容量大于电动机容量 10 倍以上时)、电网瞬变频繁时都需要使用直流电抗器。

(3)制动单元(Ub)。当变频器降低频率使电动机急剧减速,或重力负载使电动机处于发电运行时,电动机制动的反馈能量使变频器直流母线电压升高到一定程度就会开启该制动单元,使制动产生的能量消耗在制动电阻上。

(4)制动电阻(Rb)。制动电阻是指消耗制动时电动机能量的电阻。

(5)进线侧无线电干扰抑制电抗器。用于减少变频器对外界的无线电干扰。

(6)输出侧交流电抗器。变频器输出的是脉冲宽度调制的电压波,它是前后沿很陡的一系列脉冲方波,存在大量的谐波,这些谐波有害于电动机和负载的寿命(典型的是电动机绕阻匝间瞬变电压 du/dt 过高,造成匝间击穿),以及会对周围电器产生干扰;当负载端电容容量大时,变频器的开关器件流过大的冲击电流,会损坏开关器件。使用输出侧交流电抗器可进行平滑滤波,减少瞬变电压 du/dt 的影响,并降低了电动机的噪声,降低了输出高次谐波造成的漏电流,减少了干扰,保护了变频器内部的功率开关器件,延长了电动机的绝缘寿命。

(7)输出侧无线电干扰抑制电抗器。输出布线距离大于 20 m 时尤其需安装。

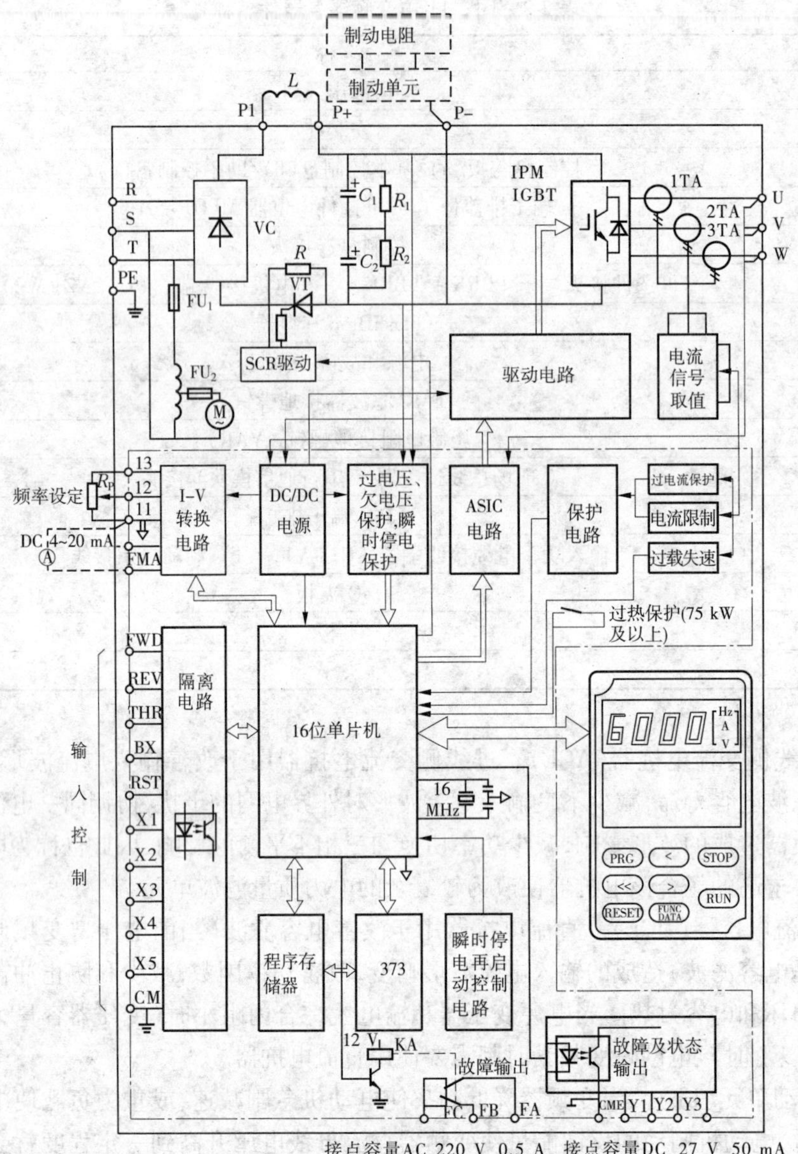

图 2-12　某型号变频器内部元件框图

(8)热过载继电器(JR)。用于防止长时间过电流造成电动机损坏。

(五)变频器的接线端子

某型号变频器控制电路端子的基本接线图,如图 2-14 所示。图中点画线以上的设备均为选配件。

图 2-14 所示变频器控制电路端子的功能见表 2-3。

二、变频器的主电路接线及配线

在图 2-14 所示的变频器端子的基本接线图中,主电路端子的功能见表 2-4。

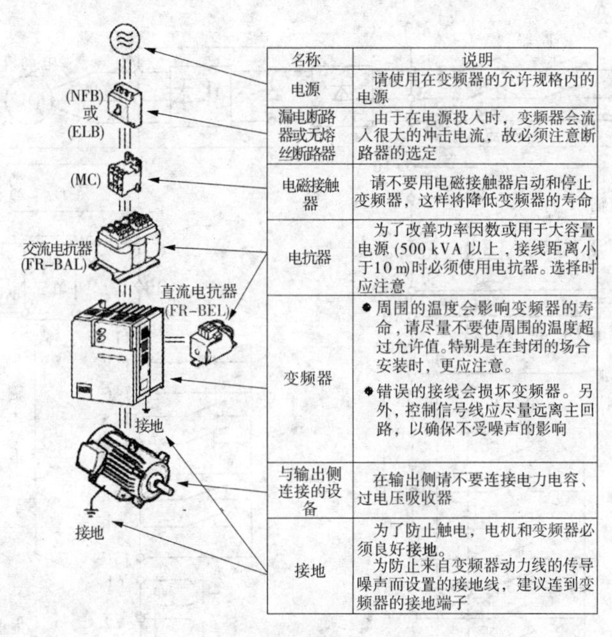

名称	说明
电源	请使用在变频器的允许规格内的电源
漏电断路器或无熔丝断路器	由于在电源投入时，变频器会流入很大的冲击电流，故必须注意断路器的选定
电磁接触器	请不要用电磁接触器启动和停止变频器，这样将降低变频器的寿命
电抗器	为了改善功率因数或用于大容量电源 (500 kVA 以上，接线距离小于10 m)时必须使用电抗器。选择时应注意
变频器	●周围的温度会影响变频器的寿命，请尽量不要使周围的温度超过允许值。特别是在封闭的场合安装时，更应注意。 ●错误的接线会损坏变频器。另外，控制信号线应尽量远离主回路，以确保不受噪声的影响
与输出侧连接的设备	在输出侧请不要连接电力电容、过电压吸收器
接地	为了防止触电，电机和变频器必须良好接地。 为防止来自变频器动力线的传导噪声而设置的接地线，建议连到变频器的接地端子

(a)所需要的主要外围设备

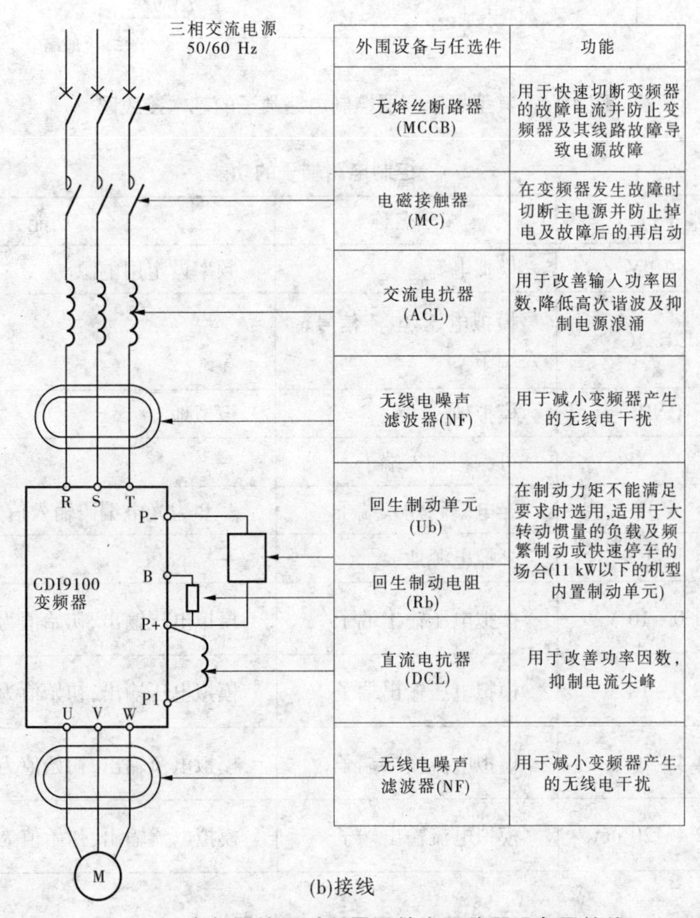

外围设备与任选件	功能
无熔丝断路器 (MCCB)	用于快速切断变频器的故障电流并防止变频器及其线路故障导致电源故障
电磁接触器 (MC)	在变频器发生故障时切断主电源并防止掉电及故障后的再启动
交流电抗器 (ACL)	用于改善输入功率因数,降低高次谐波及抑制电源浪涌
无线电噪声滤波器(NF)	用于减小变频器产生的无线电干扰
回生制动单元 (Ub)	在制动力矩不能满足要求时选用,适用于大转动惯量的负载及频繁制动或快速停车的场合(11 kW以下的机型内置制动单元)
回生制动电阻 (Rb)	
直流电抗器 (DCL)	用于改善功率因数，抑制电流尖峰
无线电噪声滤波器(NF)	用于减小变频器产生的无线电干扰

(b)接线

图 2-13　变频器使用时所需要的主要外围设备及接线

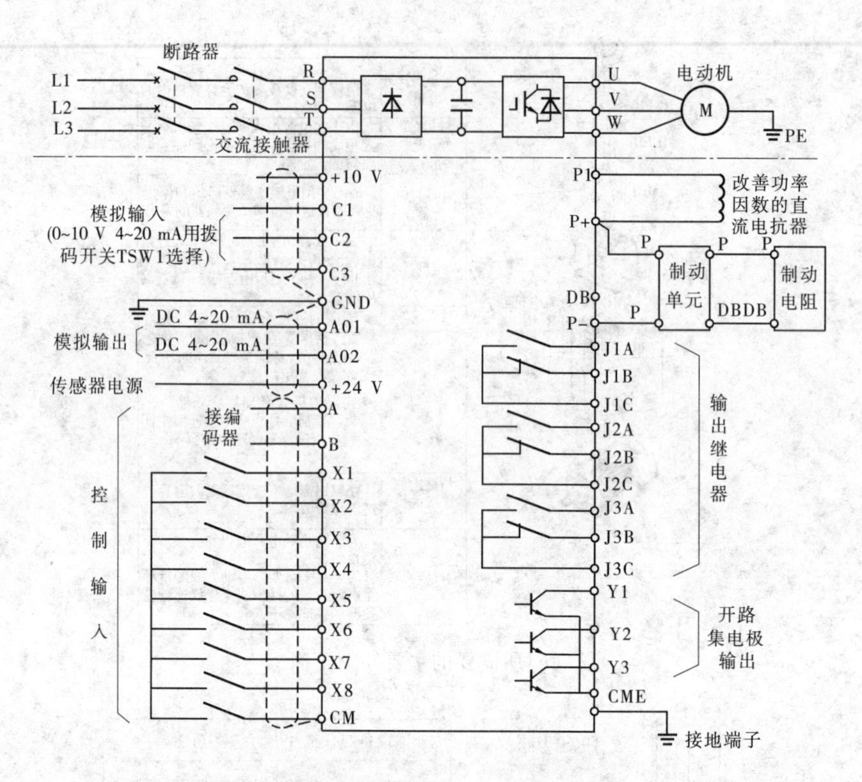

图 2-14　某型号变频器控制电路端子的基本接线图

表 2-3　控制电路端子的功能

分类	端子符号	端子名称	功能
模拟输入	+10 V	模拟电源	频率设定用电源
	C1、C2、C3	模拟电压/电流信号输入端子	—
	GND	模拟地	模拟地
控制输入	X1 ~ X8	可编程输入端子	—
	A、B	光电编码输入端子	A、B 为光电编码输入信号
	CM	外控电源地	—
模拟输出	V1 0 ~ 10 V	模拟电压输出端子	模拟电压输出，初始值为频率输出
	V2 0 ~ 10 V	模拟电压输出端子	模拟电压输出，初始值为频率输出
	A01 4 ~ 20 mA	模拟电流输出端子	模拟电流输出，初始值为频率输出
	A02 4 ~ 20 mA	模拟电流输出端子	模拟电流输出，初始值为频率输出

续表 2-3

分类	端子符号	端子名称	功能
输出继电器	J1	继电器输出端子	继电器触头,J1A 与 J1C 是常开触点,J1B 与 J1C 是常闭触点,变频器运行时继电器动作
	J2	继电器输出端子	继电器触头,J2A 与 J2C 是常开触点,J2B 与 J2C 是常闭触点,变频器发生故障时继电器吸合
	J3	继电器输出端子	继电器触头,J3A 与 J3C 是常开触点,J3B 与 J3C 是常闭触点,外控运行控制继电器
开路集电极输出	Y1	开路集电极输出端子	变频器通电正常时即动作
	Y2	开路集电极输出端子	变频器运行时即动作
	Y3	开路集电极输出端子	变频器通电正常时即导通,故障时即关断
	CME	输出公用地端	Y1、Y2、Y3 等输出端的公用地
	+24 V	外控电源	传感器用电源

表 2-4　主电路端子功能

端子符号	端子名称	功　能
R、S、T	电源输入端子	连接三相交流电源
U、V、W	变频器输出端子	连接三相电动机
P1、P+	直流电抗器连接端子	连接改善功率因数的电抗器(选用件)
P+、DB	外部制动电阻连接端子	连接外部制动电阻(15 kW 以下)(选用件)
P+、P-	制动单元连接端子	连接外部制动单元(18.5 kW 以上)(选用件)
PE	变频器接地端子	变频器机壳的接地端子

(一)主电路接线

接线前,先确认输入电源的电压等级是否符合主电源电压等级,符合后,在安全断开的情况下才能进行接线的操作。

变频器输入、输出主端子实物连接图及接线图如图 2-15 所示。图中虚线部分为电缆屏蔽层,所用屏蔽层必须接地。

1. 接线方法

(1)主电路电源输入端子 R、S、T 经由用户配置的接触器及断路器和电源连接,无需考虑相序,绝对禁止输入电源与输出端子 U、V、W 相连接。

(2)变频器输出端子 U、V、W 和电动机引出线 U、V、W 相连接,用正向运行指令验证电动机的旋转方向,当旋转方向与设定不一致时,调换 U、V、W 三相中的任意两相。禁止输出电路短路或接地,切勿直接触碰输出电路或使输出线触碰变频器外壳,否则会引起电击或接地故障,非常危险。此外,切勿短接输出线。

(3)变频器的 P1、P+端子是连接直流电抗器的端子,出厂时连接了短接片。对于 30

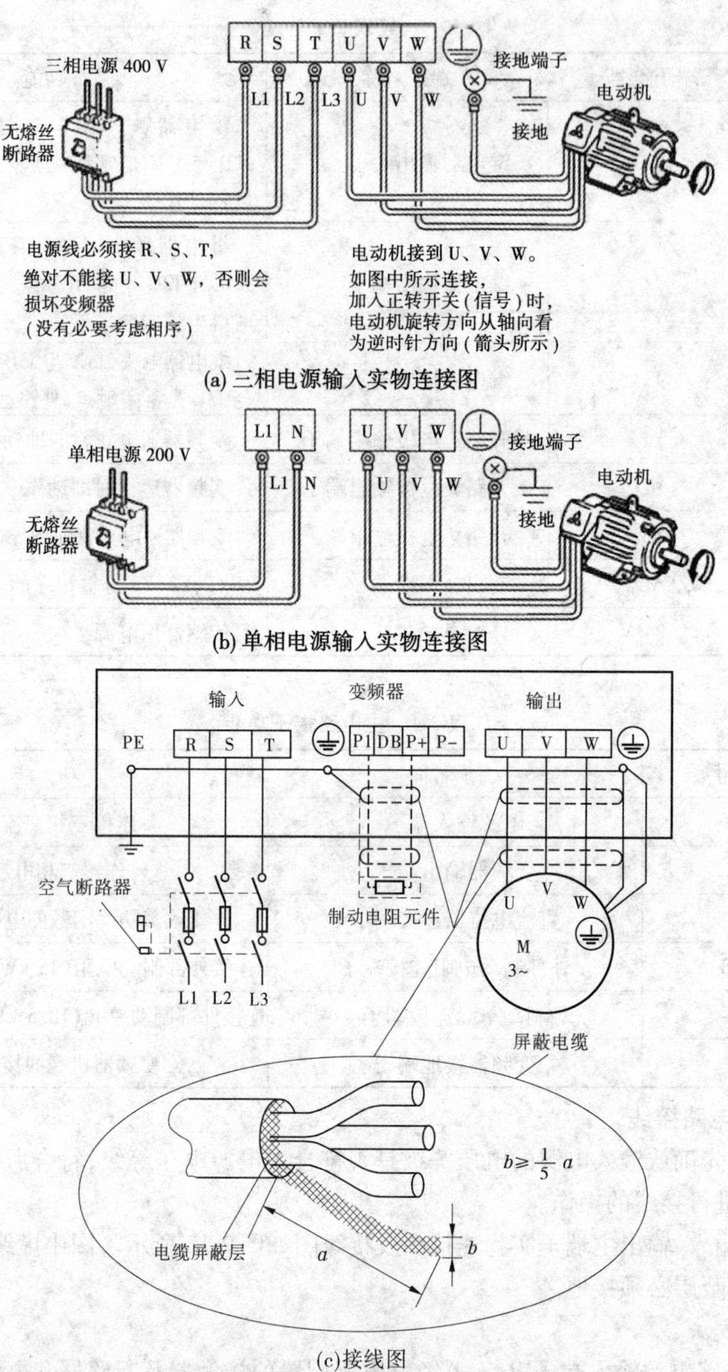

(a) 三相电源输入实物连接图

(b) 单相电源输入实物连接图

(c)接线图

图 2-15　变频器输入、输出主端子实物连接图及接线图

kW 以上的变频器,需配置直流电抗器时,应卸掉短接片后再连接。

(4)变频器的 P+、DB 端子是连接制动电阻的端子。对于 15 kW 以下机型,需要快速制动时,则需要外部制动电阻,并将制动电阻连接于 P+、DB 端子上。

(5)变频器的 P+和 P−端子是连接制动单元的端子。对于 18.5 kW 以上机型,需要快速制动时,则需同时配置制动单元和制动电阻,制动单元的 P+和 P−连接在变频器的 P+

和 P－上,制动电阻连接在制动单元的 P＋和 DB 上。若不用变频器 P＋和 P－端子,则使其开路。如果短路或直接接入制动电阻,则会损坏变频器,务必注意。

(6)变频器的 PE 端子是接地端子。根据安全规则,为了变频器安全和人身安全,以及降低噪声,变频器必须接地。接地电阻应小于或等于国家标准规定值,且用较粗的短线接到变频器的专用接地端子 PE 上。

2. 接线操作时的注意事项

在进行主电路接线时,要首先打开表面盖板,当露出接线端子时,才可进行接线操作。在进行接线操作时要注意以下几点:

(1)变频器接线前必须由电气专业人员进行配线作业,避免引起事故发生。

(2)输入电源必须接到变频器输入端子 R、S、T 上,电动机必须接在变频器输出端子 U、V、W 上,若错接会损坏变频器。

(3)接线端子和导线的连接,应使用接触性好的压接端子。为了防止触电、火灾等灾害事故的发生、降低噪声,必须连接接地端子 PE。

(4)接完线后,请再次检查接线是否正确,有无漏接,端子和导线间是否短路或接地。

(5)变频器的输出端禁止连接电力电容或浪涌吸收器。

(6)通电后,若需要更改接线,即使已关断电源,但主电路直流回路滤波电容器放电仍需要一定时间,所以应等充电指示灯熄灭后,用万用表确认直流电压降到安全电压(DC 25 V 以下)后再作业。

(7)多台变频器电源共同接地时,勿形成接地回路,如图 2-16 所示。

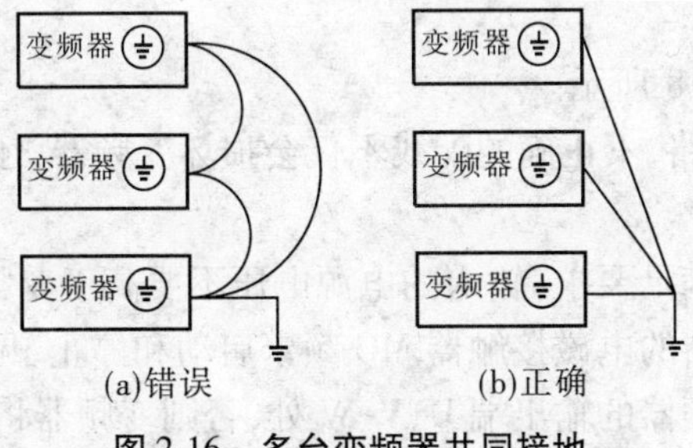

图 2-16　多台变频器共同接地

3. 接线过程

主电路接线过程如图 2-17 所示。

(1)对于不接地(IT)系统和角接地(TN)系统,应拆除内部的 EMC 滤波器(警告:如果在不接地的 IT 电力系统或者高阻抗(超过 30 Ω)接地的电力系统中使用了 EMC 滤波器,那么该系统可能会通过变频器 EMC 滤波器电容器接地,这可能会造成变频器损坏;如果在一个角接地的 TN 系统中接入了带有 EMC 滤波器的变频器,变频器将被烧坏)。

(2)将输入功率电缆的接地导体(PE)紧固在接地线夹下。将各相电缆紧固到 U1、V1 和 W1 端子上。对于外形尺寸不同的变频器,按说明书提供的紧固力矩进行紧固。

(3)剥开电机电缆并将屏蔽层编成一根短辫子,将编好的屏蔽层紧固到接地线夹下,将各相电缆分别接到 U2、V2 和 W2 端。对于不同的变频器,按说明书提供的紧固力矩进行紧固。

(4)按照步骤(3)介绍的方法,将带有屏蔽电缆的制动电阻选件连接到 BRK＋和 BRK－端。

(5)保证变频器外部的电缆连接牢固。

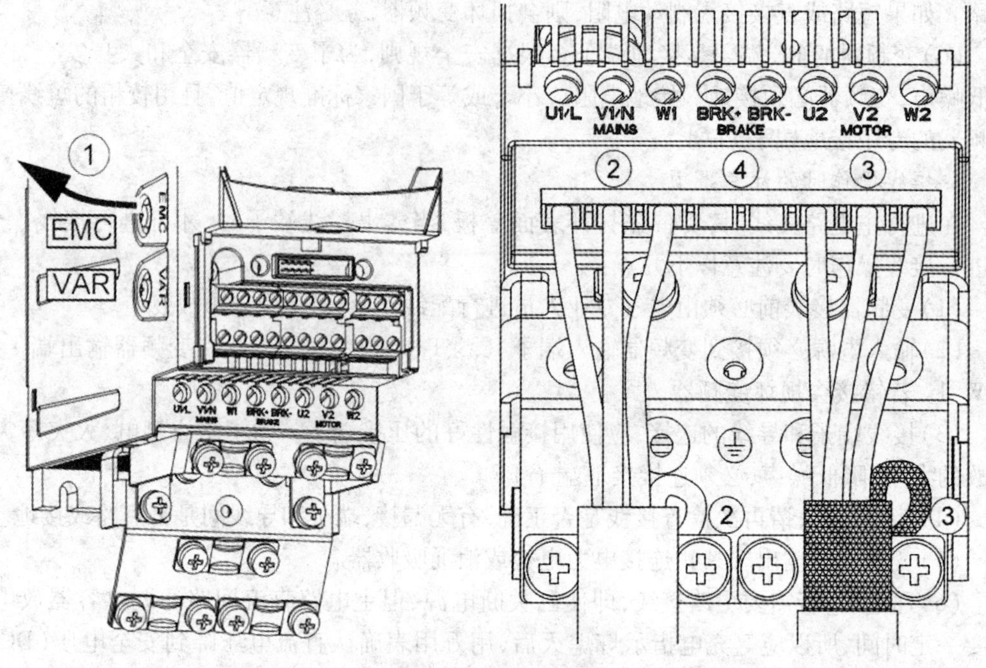

图 2-17　主电路接线过程

(二)主电路配线

1. 主电路配线过程

主电路配线图如图 2-18 所示。

由于主电路为功率电路,不正确的配线不仅会损坏变频器,还会给操作者造成危险。配线时,必须满足以下要求:

(1)确保输入的电压满足要求(输入的电源电压不要高于变频器的允许电压)。

(2)不要对控制变频器的电磁接触器 MC 频繁启动和停止,见图 2-18(b)。

(3)电源不要接到变频器的输出端 U、V、W 处,否则变频器将损坏。

(4)为了确保 KM1 和 KM2 不同时接通,必须保证 KM1 和 KM2 电气和机械互锁,否则电源会串到输出端 U、V、W 处,导致变频器损坏。

(5)变频器在接线之前要确定工频电源的相序为 R、S、T。

(6)如果配线过长,特别是在低频情况下,电缆产生的电压降会减小电动机的扭矩,此时要采用较粗的电缆,减少电压损失。如果电缆太粗,要用端子块连接。

(7)不要把频率设定电位器可调端子②接到变频器 10 或 5 端子上。

(8)确保电源线的线径及耐压满足要求。

(9)选择主电路电线时,与一般的电力线一样,也必须对电流容量、短路保护、电线压降等进行综合考虑后决定。

2. I/O 电缆的配线

I/O 电缆长度由于 I/O 端子的不同而受到限制。虽然控制信号采用可改善噪声和阻抗的光电隔离措施,但模拟输入信号没有采取相关的隔离措施。因此,频率设定信号传送时应小心配线,提供对应的测量数据,从而使配线最大限度地缩短,以便不受外部噪声的影响。

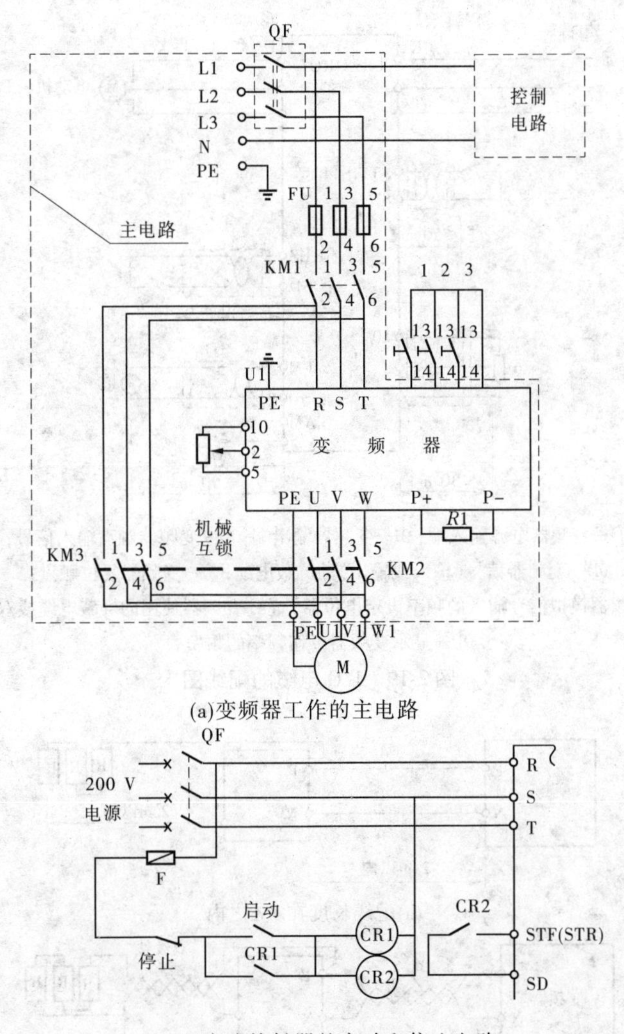

(a)变频器工作的主电路

(b)交流接触器的启动和停止电路

图 2-18 主电路配线图

图 2-19 所示为 I/O 电缆的配线图。

I/O 电缆的配线不可过长,否则将发生故障。因此,在配线时要注意以下几点:

(1)输入侧电源电缆。当产生压降时,变频器最大输出电压要小于此处电压。

(2)输出侧电源电缆。电缆的尺寸长度不能太长,否则将产生较大的压降(特别在低频时,由于 *U/f* 模式的控制,导致输出电压较低)。另外,由于电缆分布受电容充电电流的影响,电缆长度应在 500 mm 以内;若选择磁通矢量控制,电缆长度应在 30 mm 以内。

(3)触点输入信号。对于长距离配线,推荐在变频器附近连接中间继电器。

(三)制动单元配线

1. 变频器与制动单元配线

制动单元与放电电阻之间配线长度在 2 m 之内时,可不用双绞线电缆;制动单元与放电电阻之间最大配线长度应为 5 m,如果配线长度介于 2 m 和 5 m 之间,应选用双绞线电缆。制动单元配线方式如图 2-20 所示。

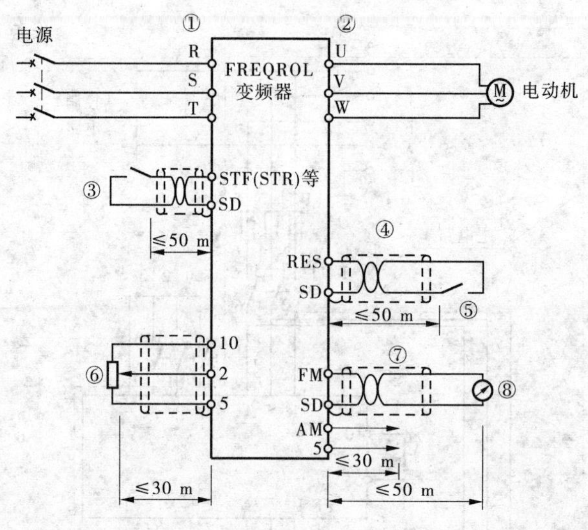

①—变频器电源输入端；②—变频器输出端；③—变频器触点输入信号；
④—变频器信号（输入或输出）的屏蔽电缆；⑤—变频器复位触点；
⑥—变频器模拟信号输入的频率设定电位器；⑦—变频器使用的屏蔽电缆或双绞线；
⑧—显示变频器工作频率的频率表

图 2-19　I/O 电缆的配线图

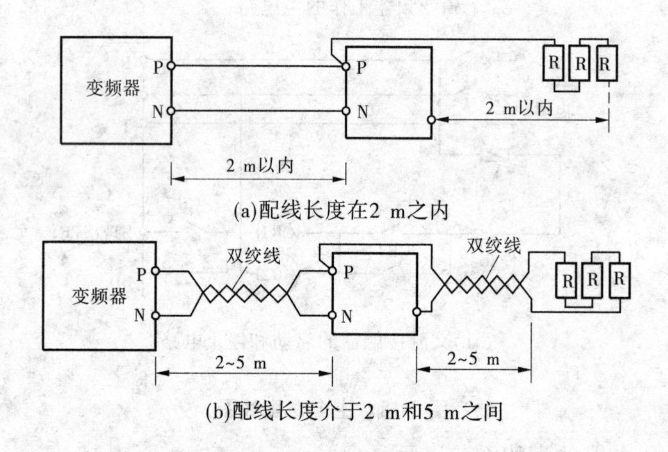

图 2-20　制动单元配线方式

2. 变频器与制动单元并联使用时的接线

为了保证变频器并联使用时互不干扰，各制动单元必须与变频器并联连接，变频器与制动单元并联使用时的接线如图 2-21 所示。

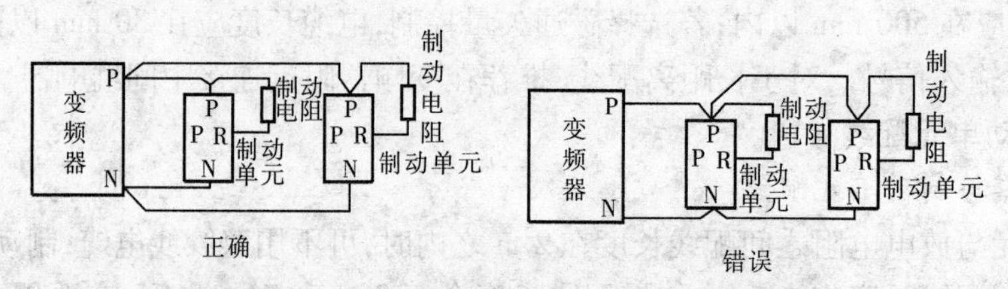

图 2-21　变频器与制动单元并联使用时的接线

三、变频器控制电路的接线和配线

（一）变频器控制电路端子

图 2-22 所示为 CDI9100 变频器控制电路端子排列。

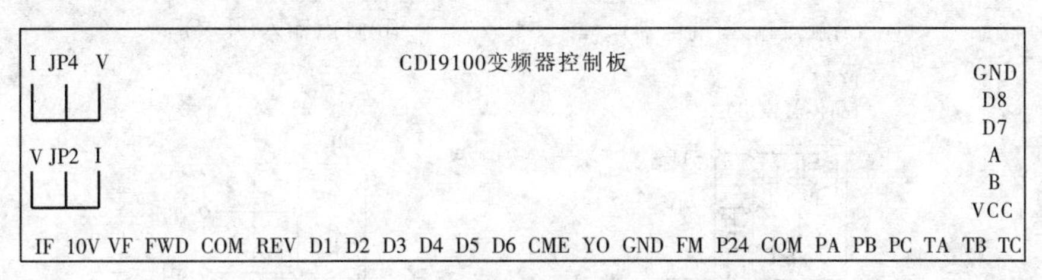

图 2-22　CDI9100 变频器控制电路端子排列

主回路和控制回路的接线图如图 2-23 所示。使用数字键盘操作时，只要连接上主回路就能运行电动机。

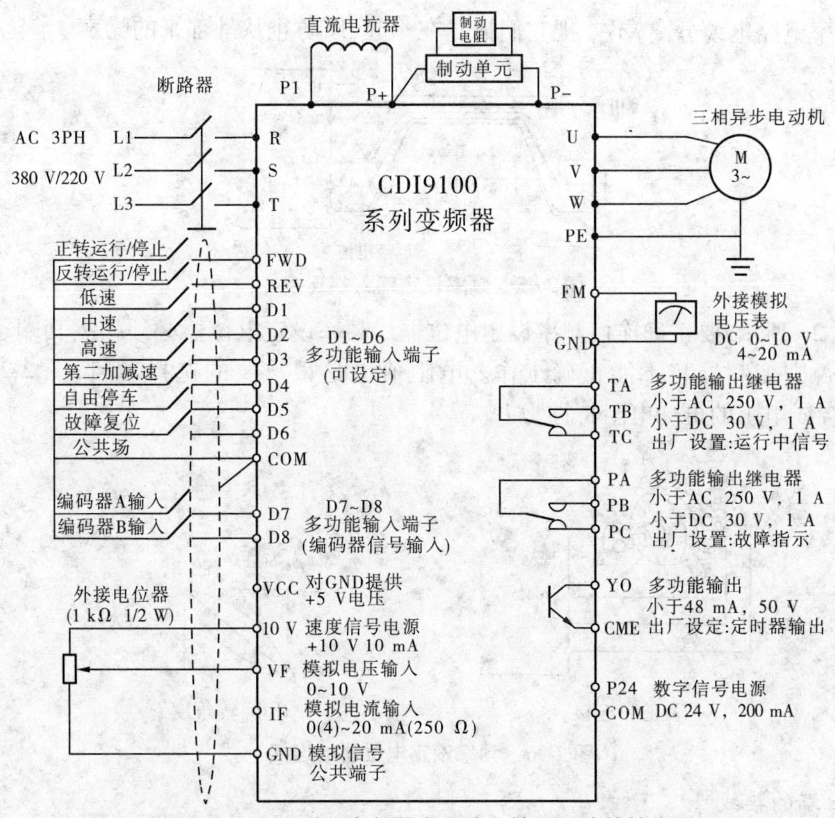

图 2-23　CDI9100 变频器主回路和控制回路的接线图

（二）变频器控制电路接线

1. 输入端的接线

输入端的连接如图 2-24 所示。触点或集电极开路输入（与变频器内部线路隔离）时，每个功能端同公共端 SD 相连，由于其流过的电流为低电流（DC 4 ~6 mA），低电流的开关或继电器（双触点等）的使用可防止触点故障。

如图 2-25 所示，频率设定输入（与变频器内部线路隔离）时，该端电缆必须和 200 V

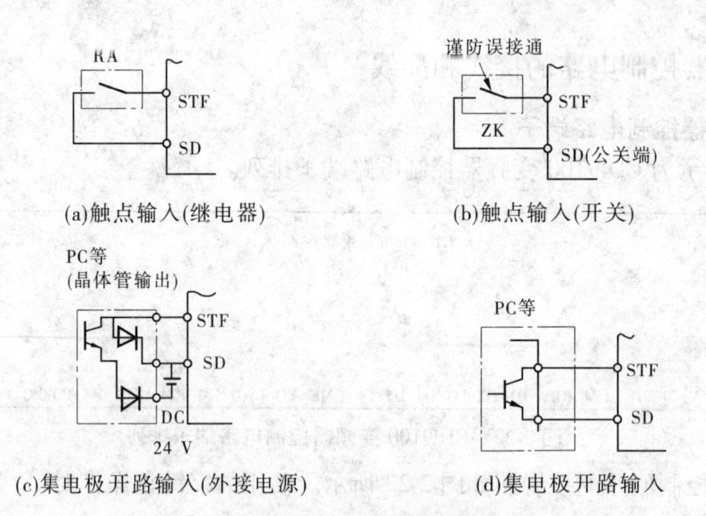

图 2-24　输入端的连接

(400 V)功率电路电缆分离,不要把它们捆扎在一起,以防止从外部来的噪声。

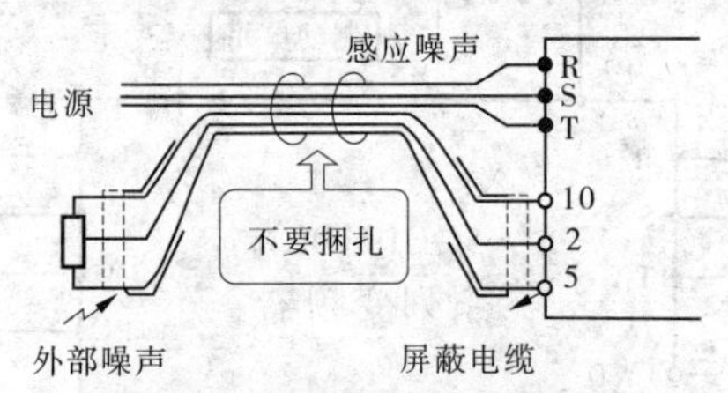

图 2-25　频率设定输入端连接

如图 2-26 所示,要正确连接频率设定电位器。频率设定电位器必须根据其端子号进行正确连接,否则变频器将不能正确工作。电阻值也是很重要的选择项目,图 2-26(a)中 2 W/1 kΩ绕线电阻的可变电阻特性为 B。

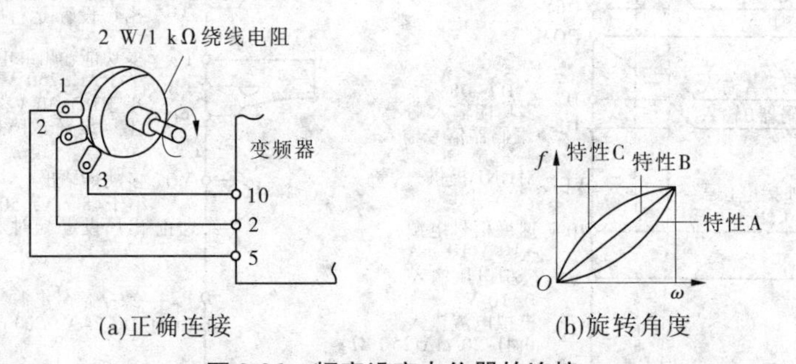

图 2-26　频率设定电位器的连接

2. 输出端的接线

输出端的连接如图 2-27 所示。输出端的连接分三种情况:集电极开路输出端,脉冲串输出端,模拟信号输出端(DC 0 ~ 10 V)。

3. 控制电路接线操作

控制电路接线过程如图 2-28 所示。

控制电路接线的具体步骤如下:

(1)取下端子盖板,见图 2-28 中①。

(2)模拟信号接线时,剥开模拟信号电缆的外面绝缘层,并将露出的屏蔽层四周接地,

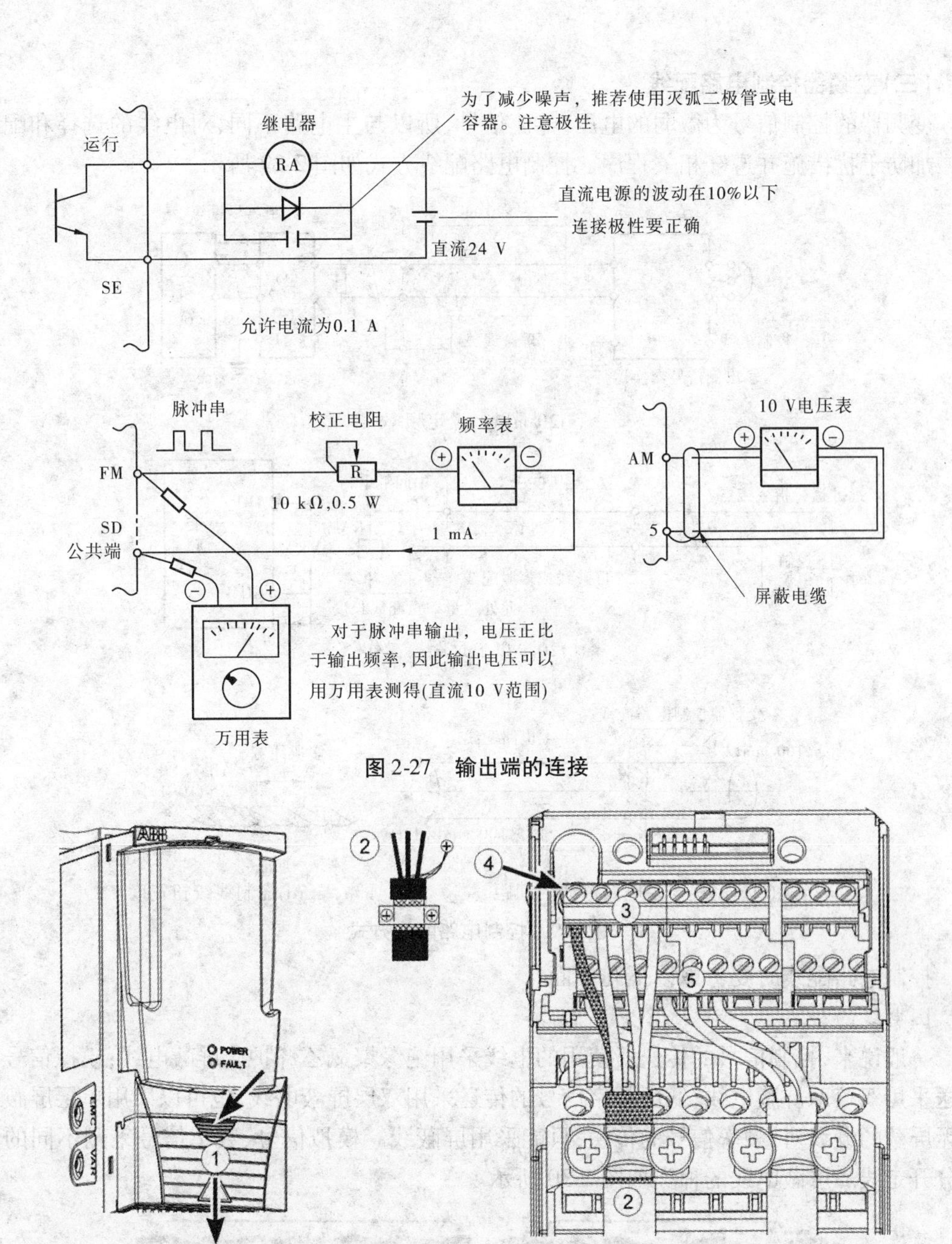

图 2-27　输出端的连接

图 2-28　控制电路接线过程

见图 2-28 中②。

(3)将模拟信号导线连接到相应的端子上，见图 2-28 中③。

(4)将剥开的模拟信号电缆中每对接地导体拧成一束并接到 SCR 端，见图 2-28 中④。

(5)数字信号接线时将导线连接到相应的端子上，见图 2-28 中⑤。

(6)将数字信号电缆的接地导体和屏蔽层(若有)拧成一束并接到 SCR 端。

(7)确保变频器外部的接线牢固。

(8)若不需要安装现场总线模块选件，将端子改装回原位。

(三)变频器控制电路配线

变频器的控制信号为微弱的电压、电流信号,所以与主电路不同,对电线的选择和配线要增加防干扰措施并遵守相关程序。控制电路配线方式如图 2-29 所示。

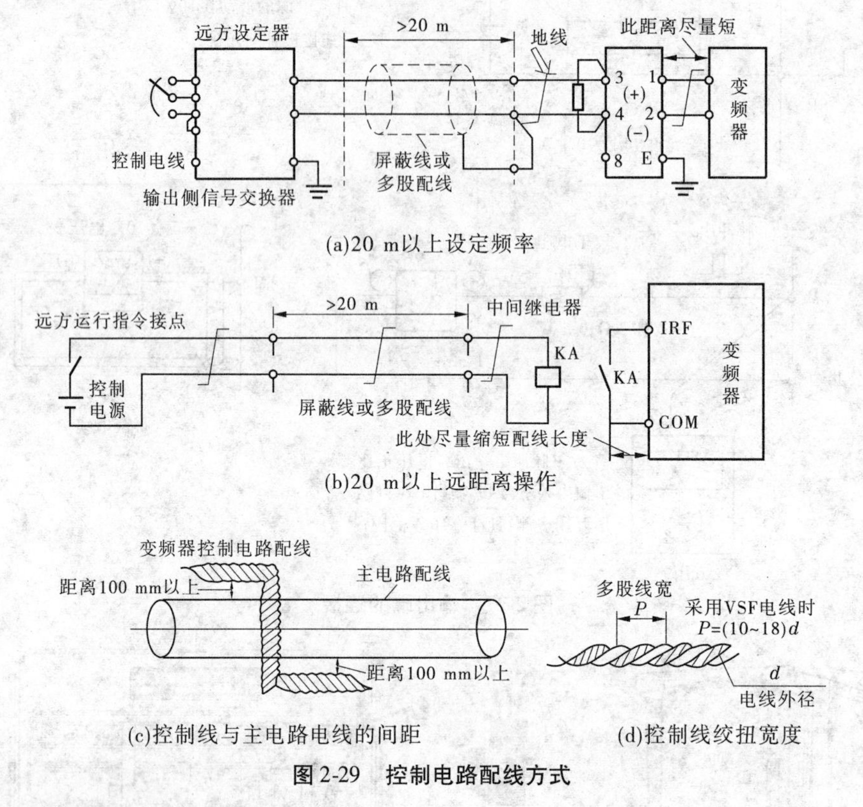

图 2-29　控制电路配线方式

控制电路配线时要考虑以下几方面。

1. 电线的种类

一般说来,控制信号的传送所使用的电线采用绝缘聚氯乙烯护套屏蔽电线;模拟信号的传送采用双绞双屏蔽电线;低压数字信号的传送采用双层屏蔽电线,也可以采用单层屏蔽的或无屏蔽的绞线对;频率信号的传送,只能采用屏蔽线。模拟信号、数字信号采用不同的电线分开走线。屏蔽电线的种类如图 2-30 所示。

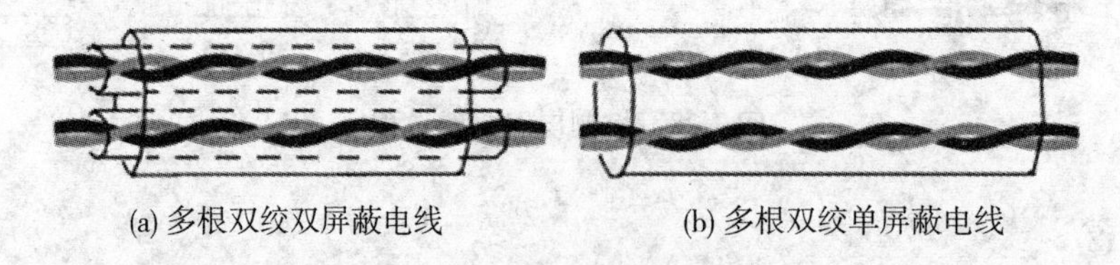

(a) 多根双绞双屏蔽电线　　(b) 多根双绞单屏蔽电线

图 2-30　屏蔽电线的种类

2. 电线的粗细

控制电线的粗细必须综合考虑机械强度、规程、电压降及配线费用以后决定,推荐使用导体截面面积为 1.25 mm^2 或 2.0 mm^2 的电线。但是,如果配线距离短、电压降在容许值以内,使用导体截面面积为 0.75 mm^2 的电线在经济上是有利的。

3. 电线的分开配线

变频器的控制线应与主电路电线或其他电力电线分开配线。为了防止由于干扰引起的误动作,控制电路端子的布线要尽量远离主电路(其距离推荐在100 mm以上),禁止放入同一汇线槽内。

图2-31所示为24 V线与230 V(或115 V)的穿线,它们要穿入不同线管。布线时若需要交叉,主电路电线与控制电路电线尽量成直角,相隔距离取电气设备技术标准所确定的距离,如图2-32所示。

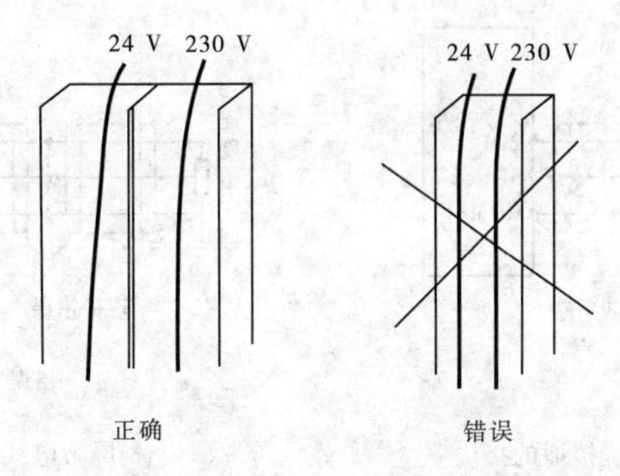

图2-31 24 V线与230 V线要穿入不同线管

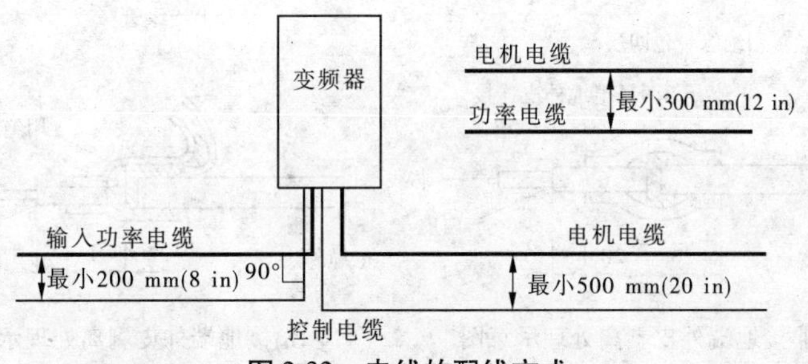

图2-32 电线的配线方式

4. 电线的屏蔽

多根电线不能分开配线或者即使分开配线也没有抗干扰效果时,要进行有效的屏蔽。电线的屏蔽应利用已接地的金属管,或者穿在金属管内。屏蔽电线的连接方法如图2-33所示。

屏蔽电线端子的处理如图2-34所示。图2-34(a)为非接地端外皮剥离处理示意图,两条需互连的电缆屏蔽层正常弯曲连接后,外部再用绝缘带包缠。图2-34(b)为接地端外皮剥离处理示意图,要将屏蔽层连接后再与接地端相连。

5. 绞合电线

弱电压、电流回路(4~20 mA,0~5 V/1~5 V)所用电线,应用绞合线,而且全长都使用屏蔽的铠装线。绞合线的绞合间距最好尽可能的小。

6. 配线路线

电磁感应干扰的大小通常与电线的长度成比例,所以路线铺设应尽可能地短。与频率表连接的电线长度不能太长(电线的容许长度因变频器不同机型而不同,可根据说明书等确定),铺设距离长,频率表的指示误差就会增大。大容量变压器和电动机的漏磁对控制电

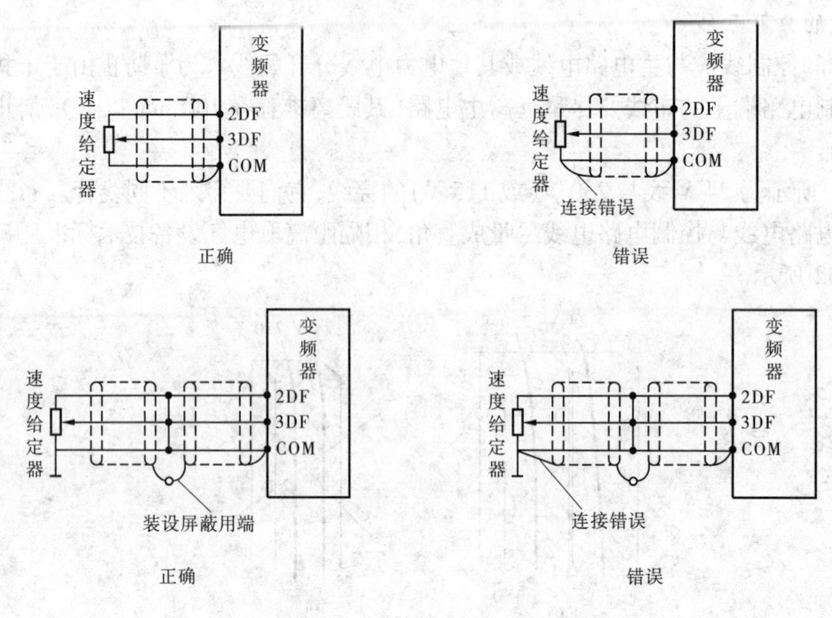

(a)屏蔽电线正确接地的接法　　(b)屏蔽电线错误接地的接法

图 2-33　屏蔽电线的连接方法

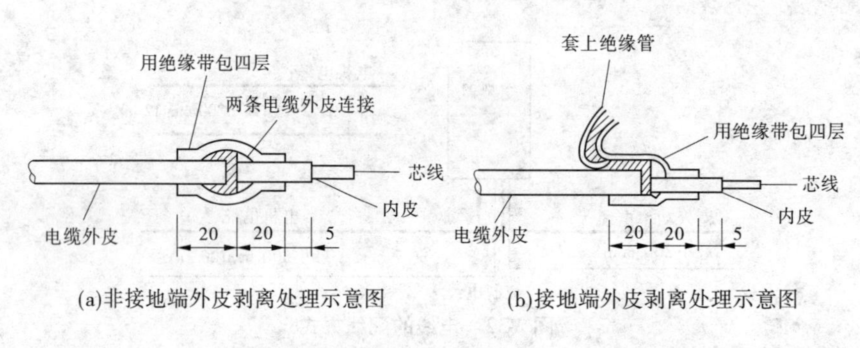

(a)非接地端外皮剥离处理示意图　　(b)接地端外皮剥离处理示意图

图 2-34　屏蔽电线端子的处理　(单位:mm)

线直接产生感应干扰,配线路线要离开这些设备。弱电压、电流回路用电线的路线不要接近有很多断路器和继电器的控制柜(盘)。

7. 电线的接地

弱电压、电流回路(4 ~20 mA,0 ~5 V/1 ~5 V)的电线取一点接地,接地线不作为信号回路。使用屏蔽电线时要使用绝缘电线,以免信号与被接地了的金属管接触。电线的接地在变频器侧进行,使用专设的接地端子,不与其他的接地端共用;屏蔽电线的屏蔽层应与电线导体同样长。

8. 注意事项

变频器控制电路安装配线时要注意以下事项:

(1)输入和输出高压电缆必须经过严格的耐压测试。

(2)输入和输出电缆必须分开配线,防止绝缘损坏造成危险。

(3)现场到变频器的信号线,应该与强电电线分开布线,信号线须采用绞线的方式,最好采用屏蔽线,并且要尽量短。屏蔽线的一端应可靠接地,屏蔽线的屏蔽层要连接在变频器指定的端子(CM 或 GND)上,如图 2-35 所示。

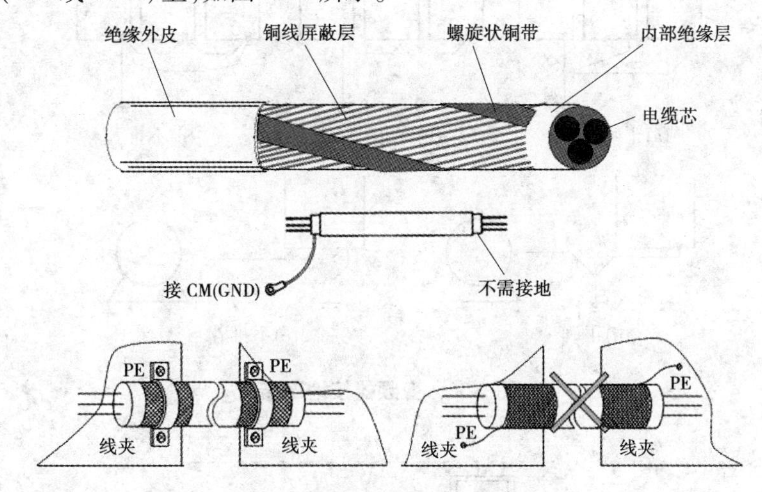

图 2-35　变频器屏蔽线的固定

(4)保证变频器柜体可靠连接大地,要求接地电阻不大于 4 Ω。

(5)开路集电极输出端子连接控制继电器时,在励磁线圈的两端连接二极管。

(6)位于变频器附近的电磁接触器、元件线圈等,要在线圈两端并联设置火花限制器,且其布线要尽量地短。

四、变频器的接地连接

(1)接地电阻阻值:

200 V 等级:100 Ω 或更小;

400 V 等级:10 Ω 或更小;

660 V 等级:5 Ω 或更小。

(2)切勿使变频器和电焊机、电动机或其他大电流电气设备共用接地。保证导管内所有接地线与大电流电气设备的导线分开铺设。

(3)使用规定标准的接地线,并使其长度尽可能缩短。

(4)当并排使用几个变频器时,请按图 2-36(a)所示接地,不要如图 2-36(c)所示使接地线形成回路。

(5)变频器和电机接地,请按图 2-36(d)所示连接。

五、变频器的联网接线

(一)PLC 与变频器的互联接线

PLC 对变频器进行控制的互联接线包括:PLC 的数字输出接口与变频器的数字输入接口的互联,PLC 的模拟量输出接口与变频器的模拟量输入接口的互联,PLC 与变频器的通信连接。

1. PLC 与变频器的通信连接

PLC 与变频器的通信连接通过 RJ45 连线系统进行,图 2-37 所示为 ATV31 变频器与 PLC 通信情况。

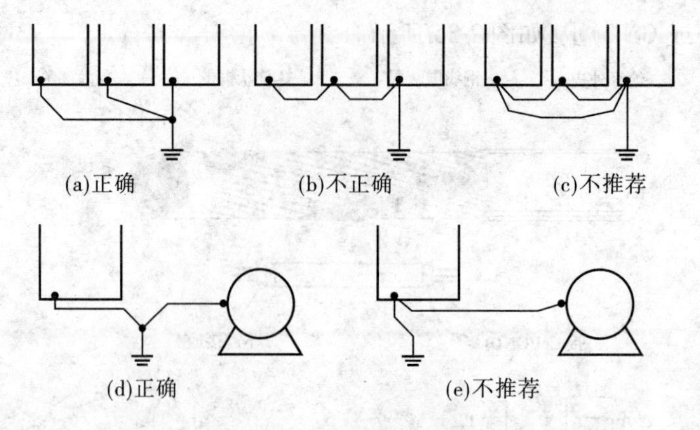

图 2-36　变频器接地连接

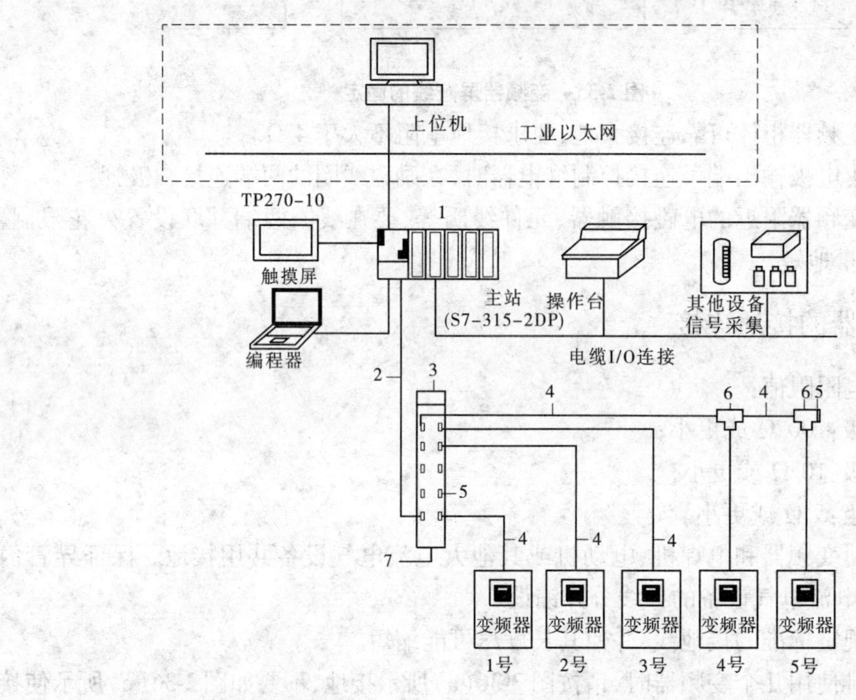

1—主站(PLC、PC 或通信模块);2—取决于主站类型的 Modbus;3—Modbus 分线盒;
4—Modbus 分接电缆;5—线路端接器;6—Modbus 三通盒(带电缆);7—Modbus 电缆(至其他分线盒)

图 2-37　ATV31 变频器与 PLC 通信情况

2. PLC 与变频器的输入、输出接口互联

1)变频器的数字输入接口

变频器的数字输入接口如图 2-38 所示。

2)PLC 的数字输出接口

PLC 的数字输出接口如图 2-39 所示。

3)PLC 与变频器的数字接口互联

PLC 继电器输出接口与变频器的互联如图 2-40 所示。

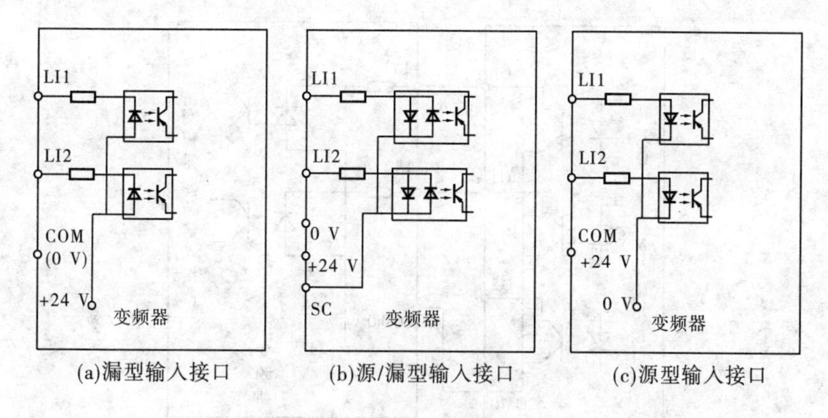

(a)漏型输入接口 (b)源/漏型输入接口 (c)源型输入接口

图 2-38 变频器的数字输入接口

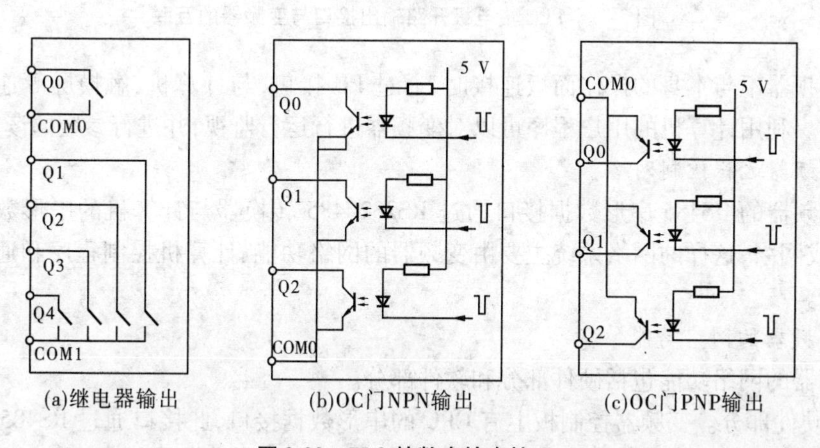

(a)继电器输出 (b)OC门NPN输出 (c)OC门PNP输出

图 2-39 PLC 的数字输出接口

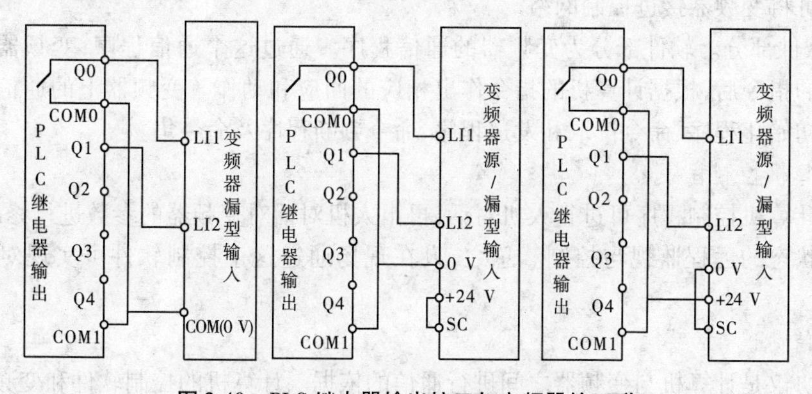

图 2-40 PLC 继电器输出接口与变频器的互联

4)PLC 集电极开路(OC 门)输出接口与变频器的互联

PLC 集电极开路(OC 门)输出接口与变频器的互联如图 2-41 所示。

(二)变频器与计算机的互联接线

变频器是工业自动化系统中用于控制交流电动机的转速和转向的基本拖动设备之一,在一些工作现场环境比较恶劣(易燃、易爆、有毒的环境),不适合于人在现场对变频器进行控制时,可以通过计算机控制变频器,实现远程控制和远程联网控制。

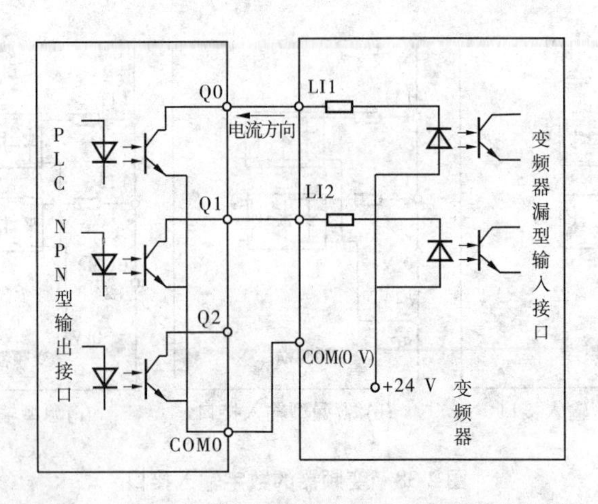

图 2-41　PLC 集电极开路输出接口与变频器的互联

当变频器不与本身的操作面板连接时,通过 PU 接口,与计算机、触摸屏等连接可进行通信操作。利用计算机的用户程序可以对变频器进行运行监视,并进行参数的读写操作。

1. 变频器远程控制网络

把变频器的 RS485 串形数据接口通过 RS232/485 转换器与计算机的串形数据接口连接,并组成网络,这样的网络系统主要由变频器的网络功能、计算机控制程序和通信协议三部分组成。

1) 变频器的网络功能

变频器的网络功能包括硬件部分和软件部分。

(1) 硬件部分。变频器控制板上有 CPU 的串形数据接口,此接口通过 RS485 转换芯片(如 MAX485)向外连接,形成一个 RS485 接口。此接口对外形成变频器的通信接口,与计算机相连可将变频器接进控制网络。

(2) 软件部分。软件部分为变频器的通信程序。通过这个通信程序,变频器接收到计算机下达的指令后,根据计算机的指令作出相应的回应和动作。变频器上的通信程序主要包括串口初始化程序、命令读取和发送程序、命令判断程序及命令集。

2) 计算机控制程序

通过计算机控制程序可进行人机对话,再由人机对话对变频器的参数进行修改,实现变频器运行状态的远程监视与控制。总之,人在现场通过这个控制软件可实现对变频器的操作。

3) 通信协议

通信协议是计算机与变频器之间进行通信的依据。计算机的控制软件和变频器的通信软件按照这个通信协议所规定的信息格式进行编写。

通过由这三部分构成的变频器远程控制网络就能实现变频器的远程控制。变频器远程控制网络组态图如图 2-42 所示。

2. 变频器与计算机的连接

图 2-43 所示为带有 RS485 接口的计算机、变频器和电动机的连接图。图 2-44 所示为带有 RS485 接口的计算机、变频器的电气原理图。

图 2-45、图 2-46 所示为计算机与多台变频器的组合,图 2-47 所示为一台计算机驱动多

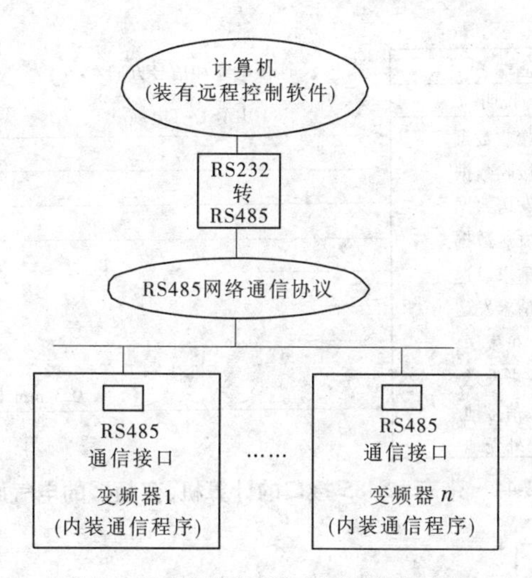

图 2-42　变频器远程控制网络组态图

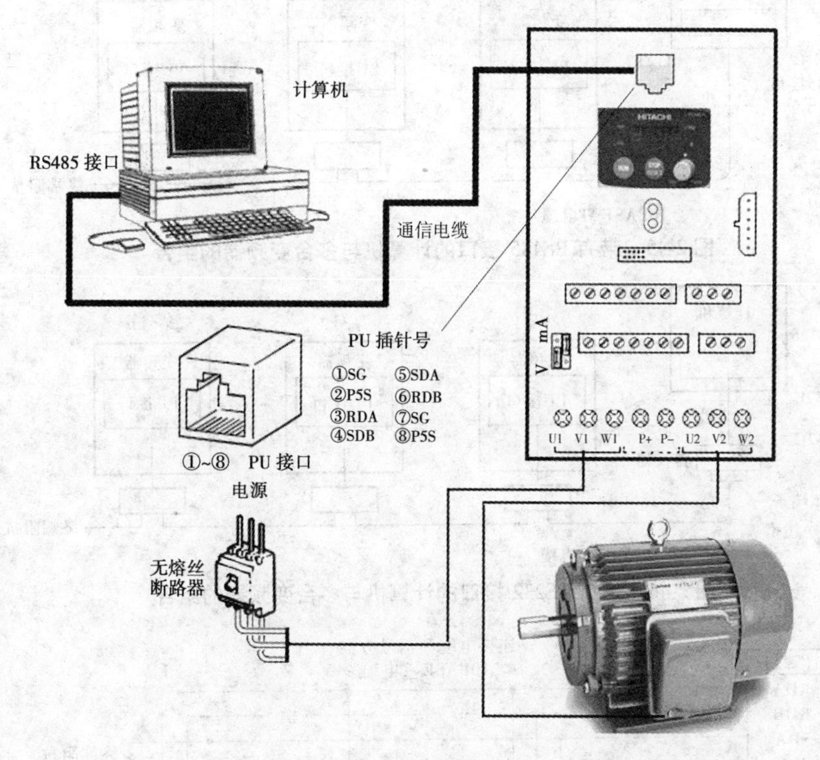

图 2-43　带有 RS485 接口的计算机、变频器和电动机的连接图

台变频器的电气接线图。组装时请按计算机使用说明书连接,计算机侧端子号因机种不同而不同。由于传输速度、距离不同,通信有可能受到反射的影响,而反射造成通信障碍时,请安装终端阻抗(用 PU 接口时,由于不能安装终端阻抗,请使用分配器)。终端阻抗仅安装在离计算机最远的变频器上(终端阻抗为 100 Ω),见图 2-47。

3. 现场总线与变频器的连接

通过现场总线适配器或内置现场总线,变频器可以和外部控制系统相连。进行适当的设置后,变频器可以通过现场总线接口接收所有控制信息,即控制信息分布在现场总线接口

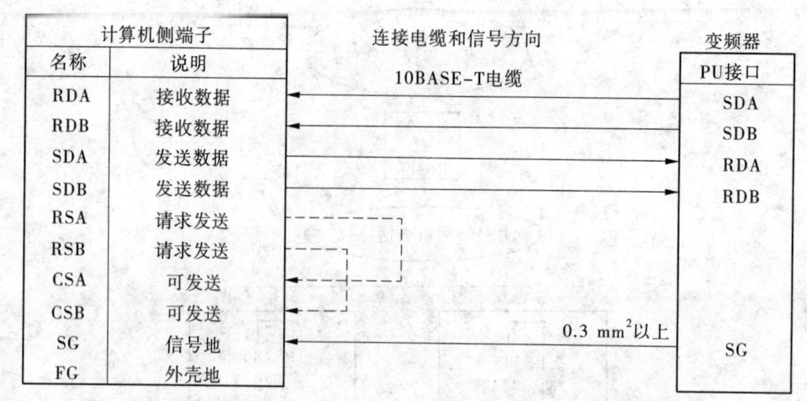

图 2-44　带有 RS485 接口的计算机、变频器的电气原理图

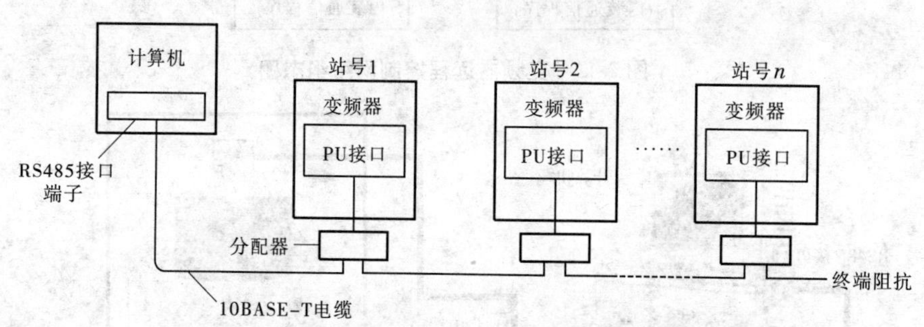

图 2-45　带有 RS485 接口的计算机与多台变频器的组合

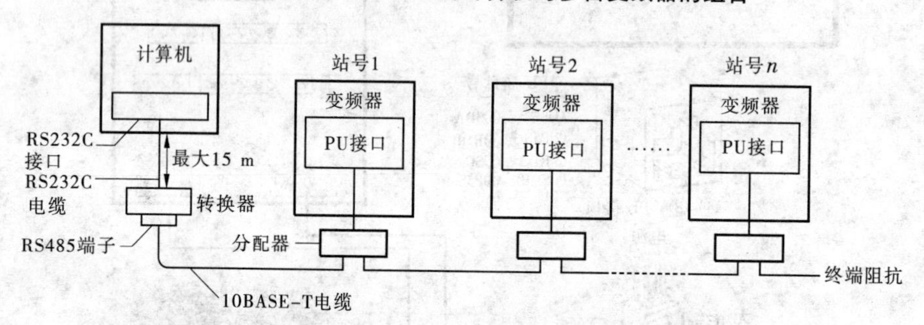

图 2-46　带有 RS232 接口的计算机与多台变频器的组合

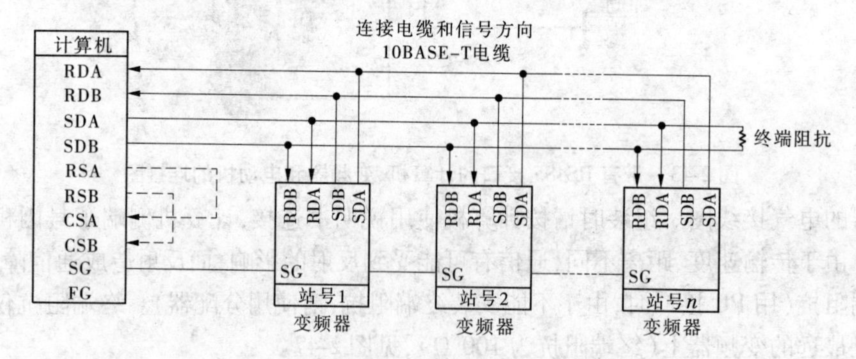

图 2-47　带有 RS485 接口的一台计算机驱动多台变频器的电气接线图

和其他信号源中，如数字和模拟输入信号，如图 2-48 所示。

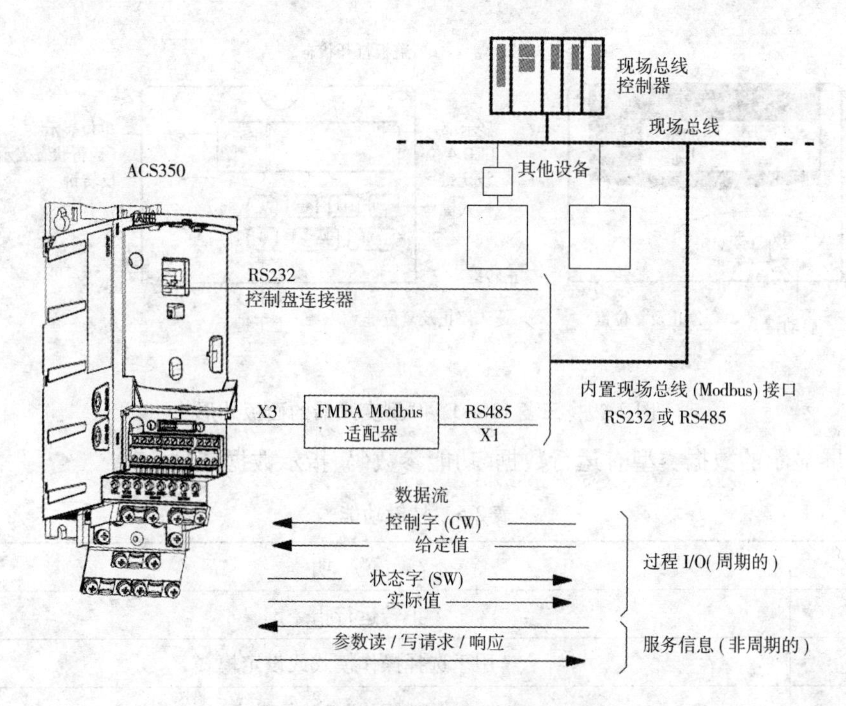

图 2-48　现场总线与变频器的连接

变频器的操作与参数选择

当变频器选择、安装以后,对变频器的参数要根据控制的需要进行设置。变频器运行时,如果操作和参数设置不当,会出现工作不正常的现象。变频器控制生产设备时,需根据该设备的特性与要求,预先进行一系列的参数设置和功能设定(如基本频率、最高频率、升降速时间等),这称为预置设定,简称预置。功能预置主要通过以下两种方法进行:

(1)手动设定,也叫模拟设定,是通过电位器和多极开关设定的。

(2)程序设定,也叫数字设定,是通过编程的方式设定的。

通过电位器和多极开关设定的参数比较简单,本书不多介绍。由于多数变频器的参数设置和功能预置采用程序设定,通过变频器配置的键盘实现,所以本节作为重点内容进行讲述。

一、变频器的操作

(一)变频器的操作面板

不同的变频器,操作面板有所区别,但实现的功能大同小异。功能强大的变频器,操作面板复杂一点。这里以三菱变频器为例进行说明。

三菱 FR－E540 型变频器的操作面板外形如图 2-49 所示。

三菱 FR－E540 型变频器面板各按键功能和单位表示,见表 2-5、表 2-6。

(二)变频器的键盘操作

变频器的操作面板上包含功能显示和功能键。显示控制面板提供各种显示数据,分为两种:LED 数码显示屏显示无单位的数字量和简单的英文代码,液晶显示屏显示数字和文

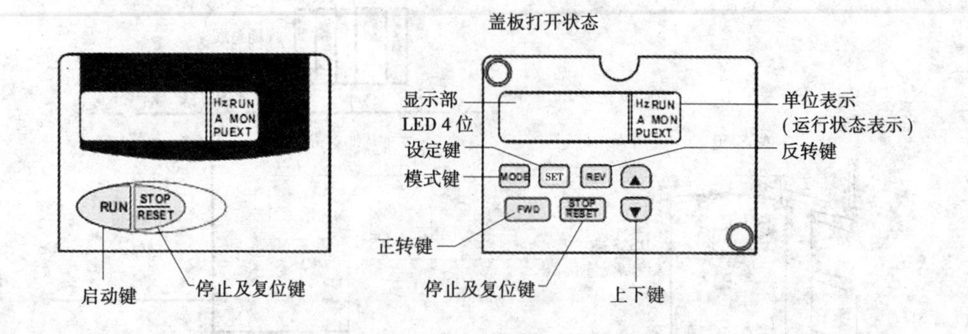

图 2-49　三菱 FR－E540 型变频器的面板外形

字。显示屏显示的数据类型有运行数据、功能参数码、指示数据三种。

表 2-5　按键功能

按键名	说　明
RUN	正转运行指令键
MODE	用于选择操作模式或设定模式
SET	用于频率和参数的设定
▲/▼	●用于连续增加或降低运行频率,按下这个键可改变频率 ●在设定模式中按下此键,则可连续设定参数
FWD	用于给出正转指令
REV	用于给出反转指令
STOP	用于停止运行
RESET	用于保护功能动作输出停止时复位变频器

表 2-6　单位表示(运行状态表示)

表示	说明
Hz	表示频率时灯亮
A	表示电流时灯亮
RUN	变频器运行时灯亮(正转时灯亮,反转时闪烁)
MON	监示模式时灯亮
PU	PU 操作模式时灯亮
EXT	外部操作模式时灯亮

变频器运行时按键的操作,是变频器最基本的控制通道。不同的变频器虽然功能键表示方法不同,键盘配置及各键的名称差异很大,但含义基本相同,都具有基本功能键,归纳起

来大致有如下几种:

(1)模式转换键。用来更改工作模式,主要有监示模式、运行模式及参数设定模式等,常用的符号有 MODE、PRG 等。

(2)增/减键。用于改变数据,常用的符号有▲(有的标注为∧或↑)和▼(有的标注为∨或↓),有的变频器还配置了横向移位键►►(有的标注为 > >),用以加速数据的更改或找出预置的功能码。

(3)读出/写入键。在程序设定模式下,用于读出和写入数据码。对于这两种功能,有的变频器由同一键来完成,有的则用不同的键来完成,常见的符号有 SET、READ、WRT、DATA、ENTER 等。

(4)运行操作键。在键盘运行模式下,用来进行“运行”、“停止”等操作,主要有 RUN(运行)、FWD(正转)、REV(反转)、STOP(停止)等。

(5)复位键。用于故障跳闸后,使变频器恢复正常状态,符号是 RESET 或简写为 RST。

(6)数字键。在设定数字码时,可直接键入所需数据,有的变频器配置了“0 ~ 9”和小数点“.”等数字键。

变频器的面板操作及功能设置是变频器运行前必须进行的工作,控制功能必须通过对面板各功能键的操作来实现。不同变频器键盘的显示及功能键的操作稍有差别,但显示内容的含义大部分相同。变频器一般提供三种控制方式:键盘运行、端子运行及 RS485 运行,用户可以根据现场环境及工作需要选定相应的控制方式。

(三)三菱 FR – E540 型变频器的操作

1. 按 MODE 键改变工作模式

按 MODE 键可更改工作模式,如图 2-50 所示。

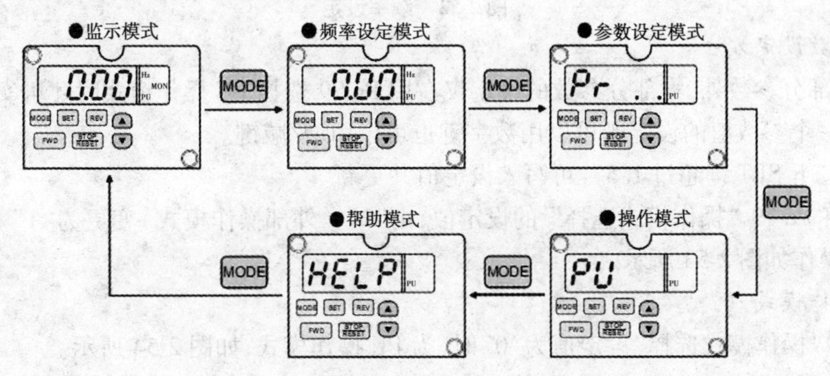

注:频率设定模式仅在操作模式为“PU 操作模式”时显示

图 2-50 按 MODE 键更改工作模式

2. 监示

(1)监示器可显示运转中的指令:EXT 指示灯亮表示外部操作,PU 指示灯亮表示 PU 操作,EXT 和 PU 灯同时亮表示 PU 和外部操作组合方式 。

(2)监示器的显示在运行中也能改变,如图 2-51 所示。

3. 频率设定

在 PU 操作模式下用 RUN 键(FWD 键或 REV 键)设定运行频率值,如图 2-52 所示,此

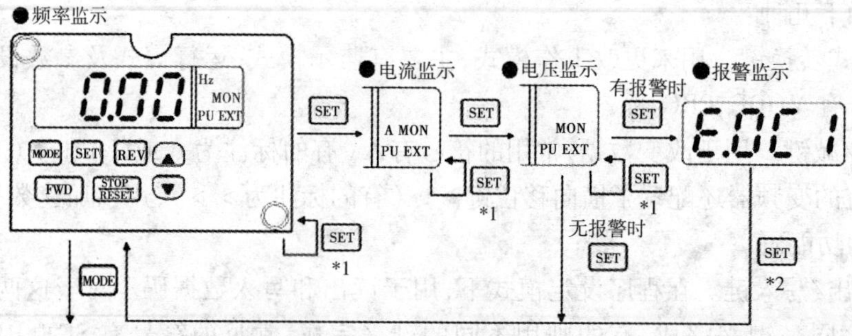

注:1. 按下标有 *1 的 SET 键超过 1. 5 s 能把电流监示模式改为电压监示模式;

2. 按下标有 *2 的 SET 键超过 1. 5 s 能显示最近 4 次的错误指示。

图 2-51　监示器的显示

模式只在 PU 操作模式时显示。

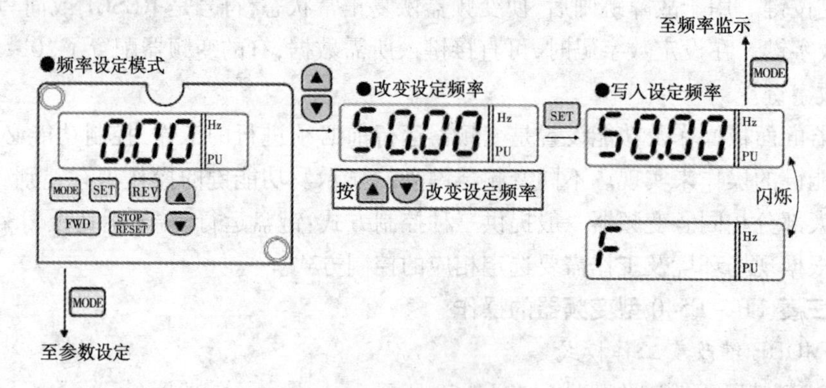

图 2-52　频率设定

4. 参数设定方法

除一部分参数外,大部分参数的设定仅在用 Pr. 79 选择 PU 操作模式时才可实施。

(1)一个参数值的设定既可以用数字键也可以用增/减键。

(2)按下 SET 键超过 1. 5 s 可写入设定值并更新。

如:将 Pr. 79 “操作模式选择” 的设定值,由“2”(外部操作模式)变更为“1”(PU 操作模式)的操作如图 2-53 所示。

5. 操作模式

Pr. 79“操作模式选择”设定值为“0”时,为 PU 操作模式,如图 2-54 所示。

6. 帮助模式

帮助模式如图 2-55 所示。

1) 报警记录

用 SET 键能显示最近的 4 次报警(带有“. ”的表示最近的报警),当没有报警存在时,显示“E　　0”,如图 2-56 所示。

2) 报警记录清除

清除所有报警记录的操作如图 2-57 所示。

3) 参数清除

参数清除即将参数值初始化到出厂设定值,如图 2-58 所示。注意:校准值不被初始化。

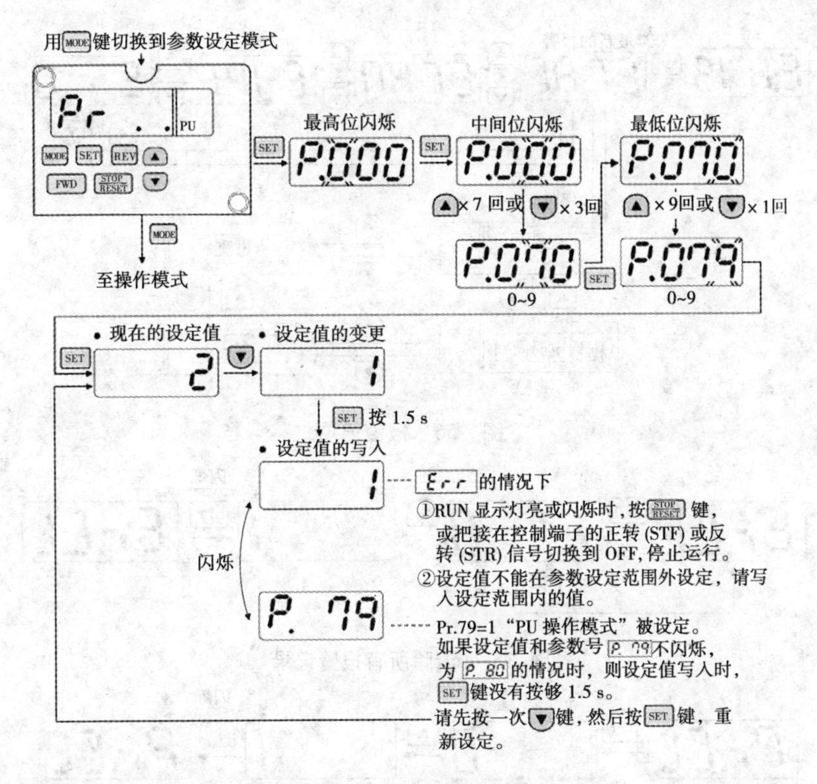

图 2-53 参数设定方法

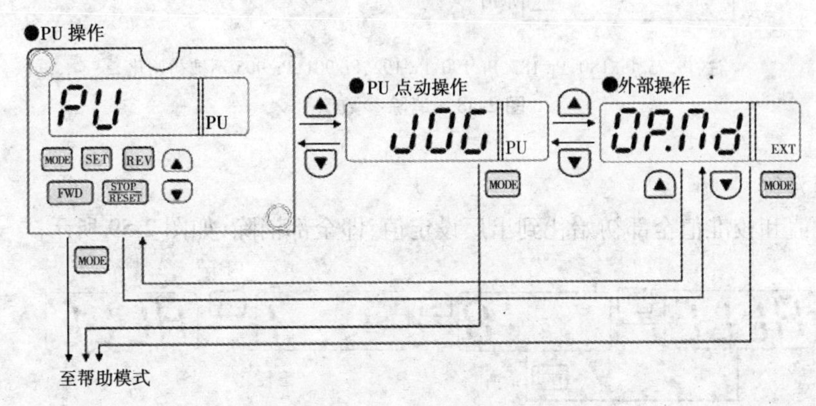

图 2-54 操作模式

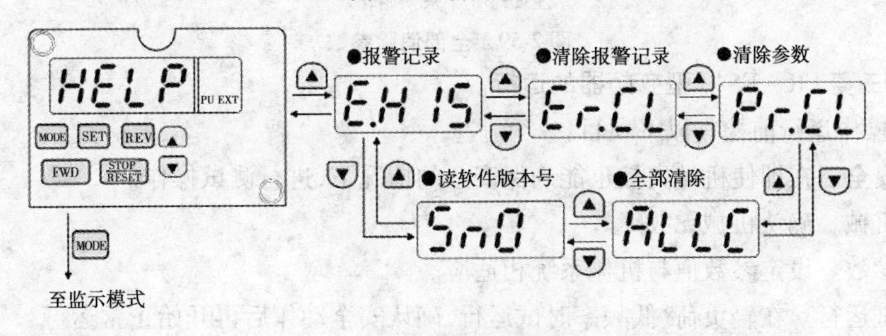

图 2-55 帮助模式

Pr. 77 设定为“1”，即选择参数写入禁止时，参数值不能被消除。

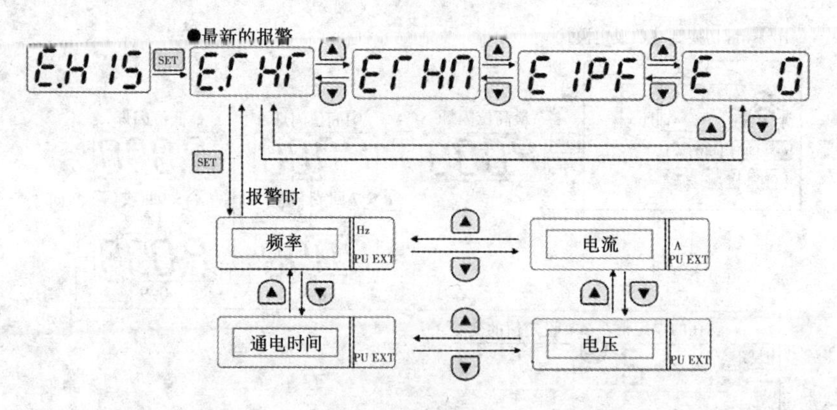

图 2-56　报警记录

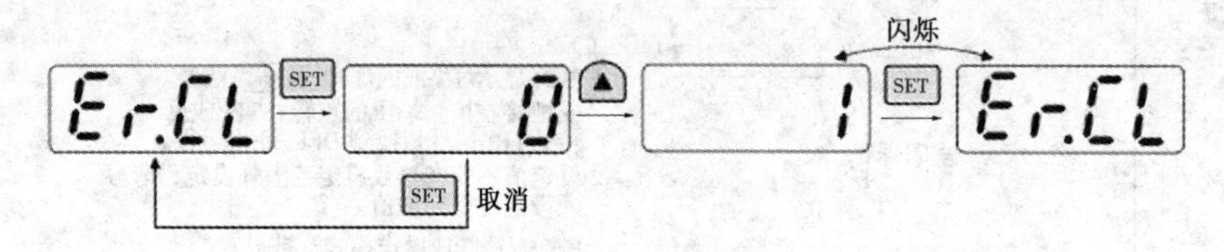

图 2-57　清除所有报警记录

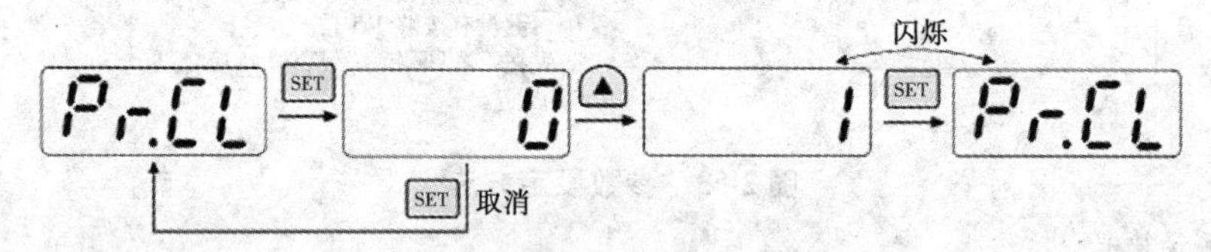

注：Pr. 75、Pr. 180、Pr. 183、Pr. 190、Pr. 192、Pr. 901、Pr. 905 不被初始化。

图 2-58　消除参数值

4）全部消除

将参数值和校准值全部初始化到出厂设定值，即全部消除，如图 2-59 所示。

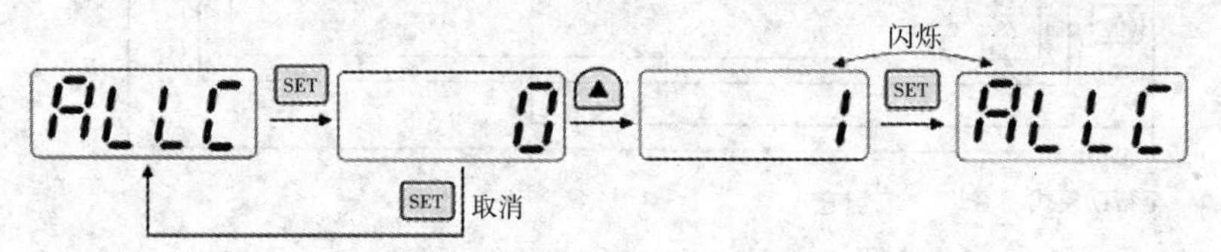

注：Pr. 75 不被初始化。

图 2-59　全部消除参数

（四）三菱 FR－E540 型变频器的运行

开始操作运行前检查以下项目：

（1）安全。在即使机械失控也能确保安全的情况下，进行测试操作。

（2）机械。确认机械无故障。

（3）参数。设定参数值与机械系统相适应。

（4）试运行。在轻负荷、低频率时试运行，确认安全动作后再开始正常运行。

1. 外部操作模式（根据外部的频率设定旋钮和外部启动信号进行的操作）

以 50 Hz 运行为例，具体操作见图 2-60。

运行指令:接于外部的启动信号。

频率设定:接于外部的频率设定器。

步骤	说明	图示
1	上电→确认运行状态 出厂设定为，将电源处于 ON，则为外部操作模式，EXT 显示灯亮，如果 EXT 显示不亮，设定 Pr.79“操作模式选择”=“2”	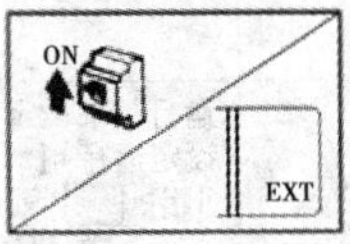 ON EXT
2	开始 将启动开关 (STF 或 STR) 处于 ON。 表示运转的 RUN 正转时灯亮，反转时闪烁。 注：如果正转和反转开关都处于 ON，电动机不启动。如果在运行期间，两开关同时处于 ON，电动机减速至停止状态。	 正转 反转 Hz RUN MON EXT
3	加速→恒速 把端子 2、5 间连接的旋钮（频率设定器）慢慢向右转到满刻度，显示的频率数值逐渐增大到 50.00 Hz。	 外部旋钮 50.00
4	减速 把端子 2、5 间连接的旋钮（频率设定器）慢慢向左转到头，显示的频率数值逐渐减小到 0.00 Hz，电机停止运行。	 外部旋钮 0.00
5	停止 将启动开关 (STF 或 STR) 置于 OFF。	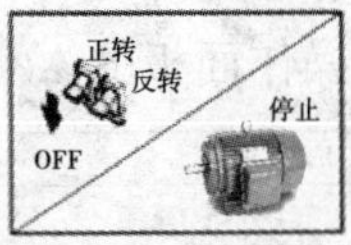 正转 反转 OFF 停止

注:把旋钮向右转到底时的运行频率,可以在 Pr. 38“5 V(10 V)输入时频率”状态下变更。

图 2-60　外部操作模式

2. PU 操作模式（用操作面板操作）

1)用操作面板设定电动机在频率 50 Hz 下运行的情况

在电动机运行中重复图 2-61 中的步骤 2,可改变运转速度。

运行指令:RUN 键或操作面板中 FWD/REV 键。

频率设定:▲/▼键。

相关参数: Pr. 79“操作模式选择”。

2)PU 点动运行

仅在按下 RUN（或 FWD/REV)键的期间内运行,松开后则停止。

(1)设定参数 Pr. 15“点动频率”和 Pr. 16“点动加/减速时间”的值。

(2)选择 PU 点动运行模式。

(3)仅在按下 RUN（或 FWD/REV)键的期间内运行。

(如果电动机不转请确认 Pr. 13“启动频率”的设定值。在点动频率设定为比启动频率低的值时,电动机不转。)

3. 组合操作模式 1（外部启动信号与操作面板并用的操作）

启动信号由外部输入(开关、继电器等)，运行频率由操作面板设定（Pr. 79 ＝ 3),不接

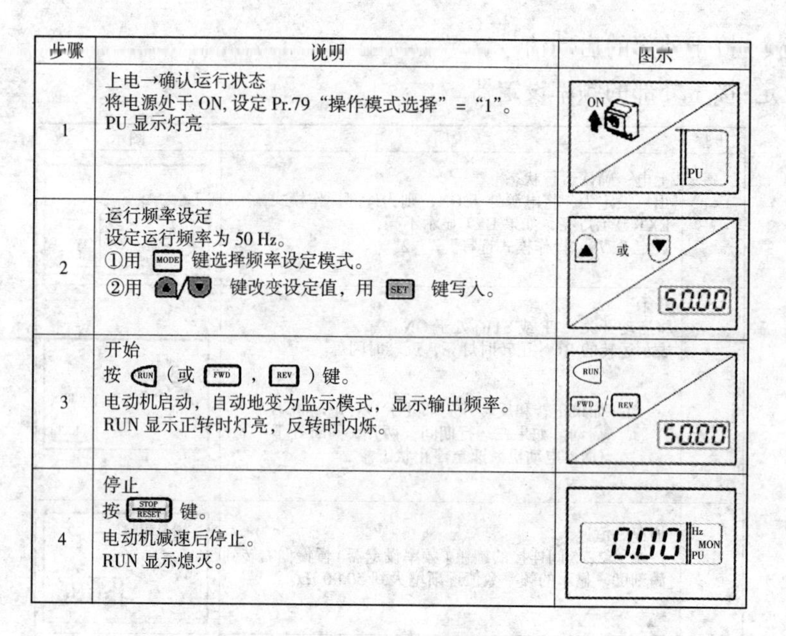

步骤	说明	图示
1	上电→确认运行状态 将电源处于 ON, 设定 Pr.79 “操作模式选择” = “1”。 PU 显示灯亮	ON PU
2	运行频率设定 设定运行频率为 50 Hz。 ①用 MODE 键选择频率设定模式。 ②用 ▲/▼ 键改变设定值，用 SET 键写入。	▲ 或 ▼ 50.00
3	开始 按 RUN（或 FWD ，REV ）键。 电动机启动，自动地变为监示模式，显示输出频率。 RUN 显示正转时灯亮，反转时闪烁。	RUN FWD / REV 50.00
4	停止 按 STOP/RESET 键。 电动机减速后停止。 RUN 显示熄灭。	0.00 Hz MON PU

图 2-61　用操作面板设定运行频率 50 Hz

收外部的频率设定信号和 PU 的正转、反转、停止信号，如图 2-62 所示。

运行指令：接于外部的启动信号。

频率设定：操作面板的▲/▼键或多段速指令（多段速指令优先）。

步骤	说明	图示
1	上电 电源处于 ON。	 ON
2	操作模式选择 设定 Pr.79 “操作模式选择” = “3”。 PU 显示和 EXT 显示灯亮。	 P. 79 闪烁 3
3	开始 将启动开关 (STF 或 STR) 处于 ON。 注：如果正转和反转开关都处于 ON，电动机不启动。 如果在运行期间，两开关同时处于 ON，电动机减速至停止。 RUN 显示正转时灯亮，反转时闪烁。	 正转 反转 ON Hz RUN MON PU EXT
4	运行频率设定 用 ▲/▼ 键把频率设定在 50 Hz。	 单步设定
5	停止 将启动开关 (STF 或 STR) 处于 OFF。 电动机停止运行。 RUN 显示熄灭。	 0.00 Hz MON PU EXT

注：STOP/RESET 键在 Pr. 75 “PU 停止选择” = “14 ~ 17”时才有效。

图 2-62　组合操作模式 1

4. 组合操作模式 2

用接于端子 2、5 间的旋钮(频率设定器)来设定频率,用操作面板的 RUN(或 FWD/REV)键来设定启动信号 (Pr. 79 =4),如图 2-63 所示。

运行指令:操作面板的 RUN(或 FWD/REV)键。

频率设定:接于外部的频率设定器或多段速指令(多段速指令优先)。

步骤	说明	图示
1	上电 将电源处于 ON。	 ON
2	操作模式选择 设定 Pr.79"操作模式选择"="4"。 PU 显示和 EXT 显示灯亮。	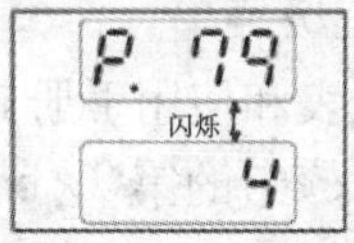 P. 79 闪烁 4
3	开始 按下操作面板的 RUN 键(或 FWD , REV 键)。 RUN 显示正转时灯亮,反转时闪烁。	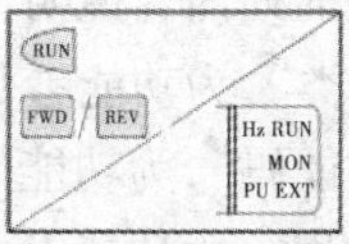 RUN FWD / REV Hz RUN MON PU EXT
4	加速→恒速 把端子 2、5 间连接的旋钮(频率设定器)慢慢向右转到满刻度,显示的频率数值逐渐增大到 50.00 Hz。	 外部旋钮 50.00
5	减速 把端子 2、5 间连接的旋钮(频率设定器)慢慢向左转到头,显示的频率数值逐渐减小到 0.00 Hz,电动机停止运行。	 外部旋钮 0.00
6	停止 按下 STOP/RESET 键。 RUN 显示熄灭。	 0.00 Hz MON PU EXT

注:把外部旋钮向右转到底时的运行频率,可以在 Pr. 38"5 V(10 V)输入时频率"状态下变更。

图 2-63　组合操作模式 2

二、变频器的参数选择

变频器的参数选择在调试过程中是十分重要的。如果参数设定不当,不但不能满足生产的需要,导致启动、制动的失败,还会造成工作时经常跳闸,更为严重的是,会烧毁功率模块 IGBT 或整流桥等器件。变频器的品种不同,参数亦不同。一般单一功能控制的变频器有 50 ~ 60 个参数,多功能控制的变频器有 200 个以上的参数。但不论参数多或少,在调试中是否要把全部的参数重新调整呢?不是的,大多数可不变动,按出厂值设定即可,使用时原出厂值不合适的才需要予以重新设定。例如,外部端子操作、模拟量操作、基频频率、最高频率、上限频率、下限频率、启动时间、制动时间(及方式)、热电子保护、过流保护、载波频率、失速保护和过压保护等一般情况下是要调整的;当运转不合适时,再调整其他参数。变频器在使用时,以下几个参数常常要进行调整:控制方式、频率给定方式、加速时间、减速时间、基频频率、过流幅值、上限频率、下限频率等。

(一)变频器常用参数

程序设定是通过编写程序的方法,按照一定的步骤,对变频器进行启动或运行功能预置,如设定启动时间、停止时间等。每个生产厂家都对变频器的各种功能进行了编码,这些编码称为功能码,如01代码表示操作方法这项功能、02表示最高频率这项功能等。所需设定的数据或代码称为数据码,如最高频率为50 Hz、升速时间为15 s等。不同的变频器,各功能码的编制方法不一样,CDI9100系列变频器的部分功能说明如下:

(1)CDI9100系列变频器的功能参数可分为4组,每个组内包括若干功能码,功能码可设置不同的值。在使用键盘进行操作时,参数组对应一级菜单,功能码对应二级菜单,功能码设定值对应三级菜单。

(2)在功能表和使用手册其他内容中出现的"P××.××"等文字,所代表的含义是功能表中第"P××"组的第"××"号功能码,如"P00.01",指第P00组的第01号功能码。

(3)功能表的列内容说明如下:

第1列"分类",为功能参数组的名称与编号。

第2列"功能码",为功能码参数的编号。

第3列"名称",为功能参数的完整名称。

第4列"设定范围",为功能参数的有效设定值范围。

第5列"最小单位",为功能参数设定值的最小单位。

第6列"出厂设定",为功能参数的出厂原始设定值。

第7列"更改限制",为功能参数的更改属性(即是否允许更改和更改条件)。

参数更改限制说明如下:

"○":表示该参数的设定值在变频器处于停机、运行状态中,均可更改;

"×":表示该参数的设定值在变频器处于运行状态中,不可更改(或是由厂家设定)。

注意:

(1)在对变频器参数进行更改时请仔细阅读使用手册。

(2)LED显示"d. Err"时表示用户操作有误。

详细功能见表2-7。

(二)变频器功能参数的选择和设定

1. U/f 类型的选择

U/f 类型的选择包括最高频率、基本频率和转矩类型等。电动机在一定的场合应用时,其转速应该在一定的范围内,超出此范围会造成事故或损失。为了避免错误操作造成的电动机转速超出应用范围,变频器具有设置上限频率 f_H 和下限频率 f_L 的功能。

表2-7 CDI9100系列变频器的基本功能参数

分类	功能码	名称	设定范围	最小单位	出厂设定	更改限制
P00	P00.00	运行控制方法选择	0 键盘运行 1 端子运行 2 RS485运行	1	0	○

续表 2-7

分类	功能码	名称	设定范围	最小单位	出厂设定	更改限制
P00	P00.01	运行频率设定方式选择	0 键盘电位器 1 数字键盘设定 2 端子 VF 3 端子 IF 4 数字键盘 + 模拟端子 5 VF + IF 6 上升下降端子控制方式 1 7 上升下降端子控制方式 2 8 端子脉冲控制方式 1 9 端子脉冲控制方式 2 10 RS485 给定 11 开关频率设定 12 由多功能端子选择			○
	P00.02	键盘频率设定	0.00 ~ 最高频率	0.01 Hz	50.00 Hz	○
	P00.03	面板控制运转方向	0 正转 1 反转	1	0	○
	P00.04	最高频率	50.00 ~ 400.00 Hz	0.01 Hz	50.00 Hz	○
	P00.05	电动机额定频率	20.00 Hz ~ 最高频率	0.01 Hz	50.00 Hz	○
	P00.06	电动机额定电压	100 ~ 450 V	1 V	380 V	○
	P00.07	*U/f* 曲线模式	0 线性 1 平方 1 2 平方 2 3 折线模式	1	0	×
	P00.08	转矩补偿电压	0 ~ 30%	1%	1%	○
	P00.09	中间电压	0 ~ 100%	1%	5%	○
	P00.10	中间频率	0 ~ 电动机额定频率	0.01 Hz	25.00 Hz	○
	P00.11	加/减速模式	0 直线 1 S 曲线	1	0	○
	P00.12	加速时间	0.1 ~ 6 000 s	0.1 s	根据机型确定	○
	P00.13	减速时间	0.1 ~ 6 000 s	0.1 s	根据机型确定	○
	P00.14	上限频率	下限频率 ~ 最高频率	0.01 Hz	50.00 Hz	○
	P00.15	下限频率	0.00 ~ 上限频率	0.01 Hz	0.00 Hz	○
	P00.16	下限频率运行模式	0 停止 1 运行	1	0	○
	P00.17	过载保护方式选择	0 不动作 1 普通电动机 2 变频电动机	1	0	○
	P00.18	功率	50% ~ 130%	1%	100%	○

1）最高频率f_{max}

最高频率f_{max}是变频器—电动机系统可以运行的最高频率。由于变频器自身的最高频率可能较高，当电动机容许的最高频率低于变频器的最高频率时，应按电动机及其负载的要求进行设定。f_{max} f_b（基本频率）与电压的关系如图 2-64 所示。

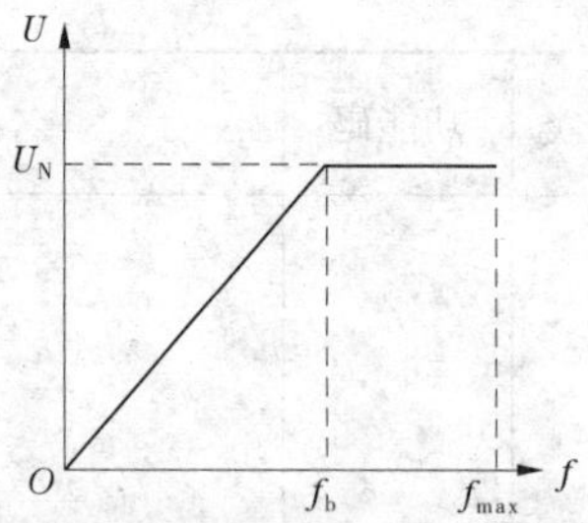

2）基本频率f_b

基本频率f_b（简称基频）是变频器对电动机进行恒功率控制和恒转矩控制的分界线，应按电动机的额定电压设定。

图 2-64　f_{max}、f_b 与电压的关系

从图 2-64 中可以看出，基频线左侧，属于基频以下的频率；基频线右侧，属于基频以上的频率。在基频以下，变频器的输出电压随输出频率的变化而变化，U/f = 常数，适合恒转矩负载特性。在基频以上，变频器的输出电压维持电源额定电压不变，适合恒功率负载特性。

基频参数应该以电动机的额定参数来设置，而不能根据负载特性而设置，即使电动机选型不适合负载特性，也必须尽量遵循电动机的参数，否则，容易过电流或过载。例如，如果电动机的额定工作频率为 50 Hz，基频应设置为 50 Hz；如果电动机的额定工作频率为 60 Hz，基频应设置为 60 Hz；如果电动机的额定工作频率为 100 Hz，基频应设置为 100 Hz。

如果电动机选择专用的交流变频电动机，一般都标注有恒转矩、恒功率调速范围。如果标注 5 ~ 100 Hz 为恒转矩，100 ~ 150 Hz 为恒功率，基频应该设置为 100 Hz。

基频参数直接反映变频器输出电压和输出频率的关系，如果设置不当，容易造成电动机的过电流或过载。

3）控制变频器输出频率的方法

控制变频器的输出频率有以下方法：

（1）由操作面板上的功能键控制频率。

（2）预置操作。

（3）由操作面板上的功能电位器控制频率。

（4）由外端子控制频率：模拟量控制端子控制模拟量，数字量控制端子控制数字量。

4）上限频率f_H和下限频率f_L

上限频率f_H 和下限频率f_L 的关系如图 2-65 所示。

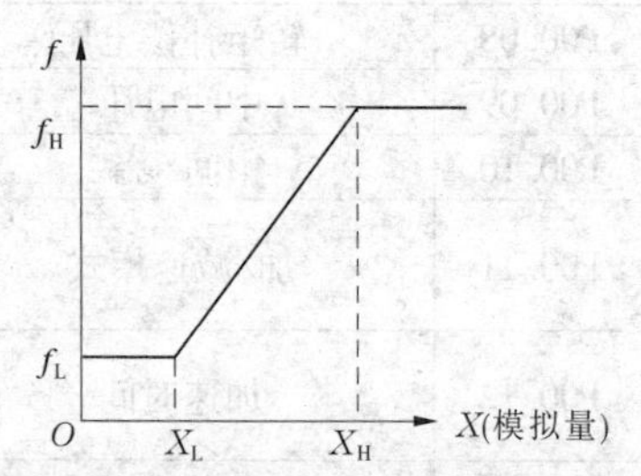

图 2-65　上限频率f_H 和下限频率f_L 的关系

5）转矩类型

转矩类型是指负载是恒转矩负载还是变转矩负载。用户应根据变频器使用说明书中的U/f类型图和负载的特点，选择其中的一种类型。根据电动机的实际运行情况和要求，最高频率宜设定为 83. 4 Hz，基频宜设定为工频 50 Hz，则负载类型在 50 Hz 以下为恒转矩负载，在 50 ~ 83. 4 Hz 为恒功率负载。交流异步电动机是按照额定电压、额定电流、额定频率进行设计的，在任何频率下运行时也不能过电流，否则将引起磁饱和。

2. 启动转矩的调整

调整启动转矩是为了改善变频器启动时的低速性能，使电动机输出的转矩能满足生产启动的要求。

在异步电动机变频调速系统中，转矩的控制较复杂。在低频段，由于电阻、漏电抗的影响不容忽略，若仍保持 U/f 为常数，则磁通将减小，进而减小了电动机的输出转矩。为此，在低频段要对电压进行适当补偿，以提升转矩。

常用的补偿方式如下：

(1)转矩补偿。在 U/f 控制方式时，变频器增加输出电压来提高电动机转矩的方法，称为转矩补偿法。常用的方法有：在额定电压和基本频率下的线性补偿方法，在额定电压和基本频率下的分段补偿方法，平方率补偿方法等。

(2)电压自动调整。变频器的输出电压随着输入电压的变化而变化，而变频器的输出电压将影响电动机带动负载的能力。变频器使用时可以根据需要设置电压自动调整功能。

(3)转差补偿。转差补偿的设定范围一般为 0 ~ 1.0 Hz。

可是，漏阻抗的影响不仅与频率有关，还和电动机电流的大小有关，准确补偿是很困难的。近年来，国外开发了一些能自行补偿的变频器，但所需计算量大，硬件、软件都较复杂，因此一般变频器均由用户进行人工设定补偿。针对所使用的变频器，转矩提升量设定在 1% ~5% 比较合适。

3. 加速时间和减速时间的设定

变频器驱动的电动机采用低频启动，为了保证电动机正常启动而又不过流，变频器须设定加速时间；电动机减速时间与其拖动的负载有关，有些负载对减速时间有严格要求，故变频器也须设定减速时间。

1) 加速时间和减速时间的定义

加速时间和减速时间有两种定义法：

(1)变频器输出频率从 0 上升到基频 f_b 所需要的时间，称为加速时间；变频器输出频率从基频 f_b 下降至 0 所需要的时间，称为减速时间。

(2)变频器输出频率从 0 上升到最高频率 f_{max} 所需要的时间，称为加速时间；变频器输出频率从最高频率 f_{max} 下降至 0 所需要的时间，称为减速时间。

图 2-66 所示为以基频定义的加速时间和减速时间。

2) 实际加速时间和减速时间

变频器的实际加速时间和减速时间与设定的加速时间和减速时间不一定相等，实际加速时间和减速时间与变频器的工作频率有关。

实际加速时间和减速时间与设定的加速时间和减速时间的关系如图 2-67 所示。

3) 加速曲线和减速曲线

加速曲线包括以下三种方式：

(1)线性上升方式。线性上升方式适用于一般要求的场合。

(2)S 形上升方式。S 形上升方式适用于传送带、电梯等对启动有特殊要求的场合。

(3)半 S 形上升方式。在半 S 形上升方式中，正半 S 形上升方式适用于大转动惯性负载，反半 S 形上升方式适用于泵类和风机类负载。

减速曲线与加速曲线类似。

4) 加速曲线和减速曲线的组合

加速曲线和减速曲线的组合根据不同的机型可分为以下三种情况：

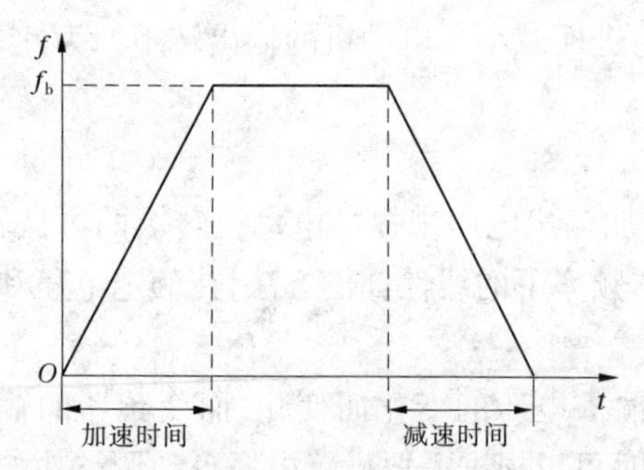

图 2-66　以基频定义的加速时间和减速时间

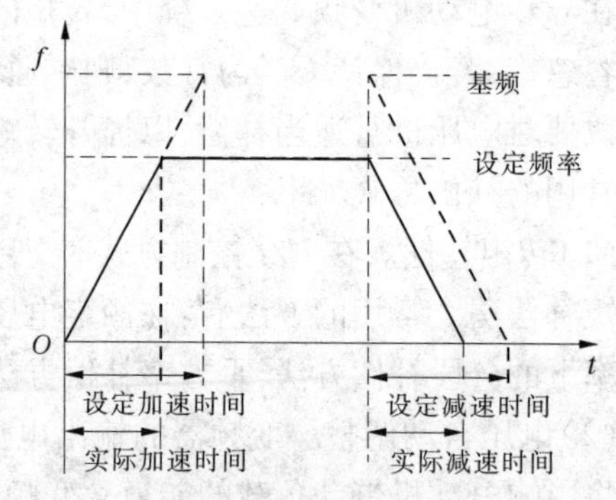

图 2-67　实际加速时间和减速时间与设定加速时间和减速时间的关系

(1)只能预置加减速的方式,S 形和半 S 形曲线的形状由变频器内定,用户不能自由设置。

(2)变频器可为用户提供若干种 S 区,供用户选择(如 0.2S、0.5S、1S 等)。

(3)用户可以在一定的非线性区内设置时间的长短。

加速曲线与减速曲线如图 2-68 所示。

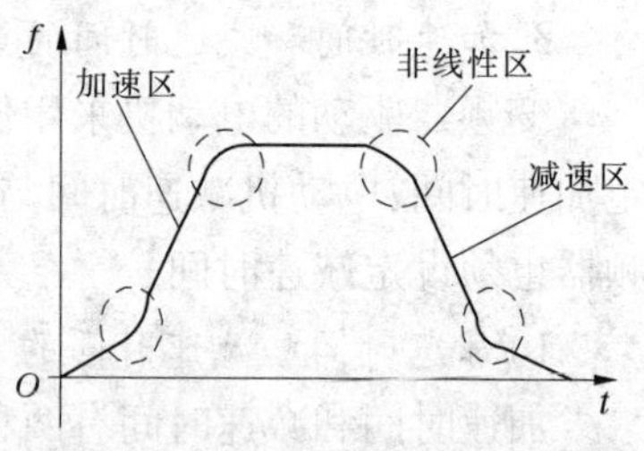

图 2-68　加速曲线与减速曲线

5)合理设定加速时间和减速时间

电动机的运行方程式为

$$T_e - T_L = T_J = J\frac{d\omega}{dt} \tag{2-8}$$

式中:T_e 为电动机的电磁转矩,是原动转矩,N·m;T_L 为机械负载转矩,是阻力转矩,N·m;T_J 为电动机的加速转矩,N·m;J 为电动机的转动惯量,kg·m^2;ω 为电动机的角频率,rad/s。

电动机电枢的加速度 $d\omega/dt$ 取决于加速转矩 T_J,可是,变频器在启动和制动过程中的频率变化率是根据运行需要设定的。由于负载的变化,电动机电枢按预先设定的频率变化率加速或减速时,有可能出现加速转矩不够的现象,从而造成电动机失速(电动机转速与变频器输出频率不协调,导致变频器过电流或过电压)。因此,需要根据电动机的转动惯量和负载,合理设定加速时间和减速时间,使变频器的频率变化率能与电动机的转速变化率相协调。通常是根据经验来设定的,如果在启动过程中出现过电流,则可适当延长加速时间;如果在制动过程中出现过电流,则可适当延长减速时间。设定时还要注意加速时间和减速时间不宜设定太长,时间太长将影响生产效率,特别是在频繁启动和制动时,一般将加速时间设定为 15 s,减速时间设定为 5 s。

4. 回避频率

回避频率又称为跳跃频率,或者跳转频率。U/f 类型的变频器在控制异步电动机工作时,在有些频率段,电动机的电流、转速会发生振荡,致使电动机固有的机械振动加强,引起共振,严重时系统会无法运行,甚至在电动机的加速过程中发生变频器的过电流保护,使得电动机不能正常启动,在电动机轻载或转动量较小时这种现象更为严重。跳跃频率值的设定主要是为了避免电动机在变频运行时机械共振现象的出现,而回避这些引起共振的频率。因此,变频器一般均备有频率跨跳功能,使用时可根据系统出现振荡的频率点,在 U/f 曲线上设置跨跳点及跨跳点宽度。跨跳功能设置后,电动机在加速时可以自动跳过这些频率段,保证系统正常运行。

不同机型设置回避频率的方法有以下三种:

(1)设定回避频率的上端和下端频率。

(2)设定回避频率值和回避频率的范围。

(3)只设定回避频率,而回避频率的范围由变频器内定。

回避频率范围如图 2-69 所示。

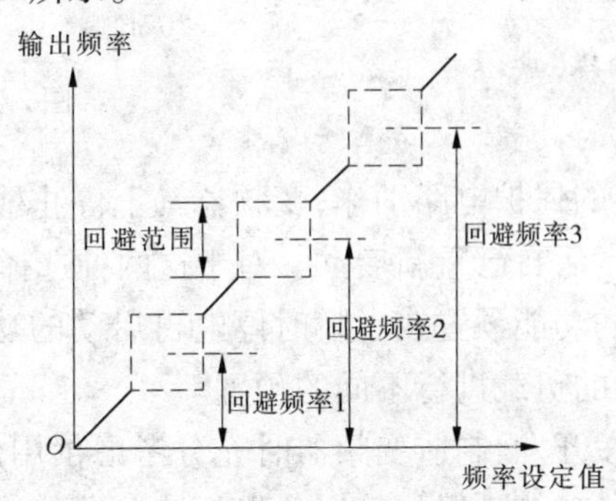

图 2-69　回避频率范围

5. 过负载率的设置

过负载率用于变频器和电动机的过负载保护。当变频器的输出电流大于过负载率设置值和由电动机额定电流确定的过负载保护(OL)设定值时,变频器则以反时限特性进行过负载保护,过负载保护动作时变频器停止输出。过电流、过电压、过功率、断电等其他电路故障均可使变频器进行自动保护,并发出报警信号,甚至自动跳闸断电。变频器在出现过载及故障时,一方面由显示屏发出文字报警信号,另一方面由接点开关输出报警信号。当故障排除后,要由专用的复位控制指令进行复位,变频器方可重新工作。过负载保护一般采用电子热继电器。电子热继电器用于监视变频器的输出电流,应用时可以先设置是否启用,再设置其具体参数。

6. 频率增益和频率偏置功能的设置

变频器的输出频率可以由模拟控制端子进行控制。

多台电动机需要按比例运行时,可以用一个模拟量控制多台变频器,通过调整变频器的频率增益来达到按比例运行的目的。

1)频率增益

输出频率与外控模拟信号的比率称为频率增益,如图 2-70 所示。

2)频率偏置

频率偏置可以配合频率增益调整多台变频器联动的比例精度,也可以作为防止噪声的措施。频率偏置可分为正向偏置和反向偏置,如图 2-71 所示。

7. 电动机参数的输入

变频器的参数输入项目中有一些是电动机的基本参数,如电动机的功率、额定电压、额定电流、额定转速、极数等。这些参数的输入非常重要,将直接影响变频器中一些保护功能的正常发挥,一定要根据电动机的实际参数正确输入,以确保变频器的正常使用。

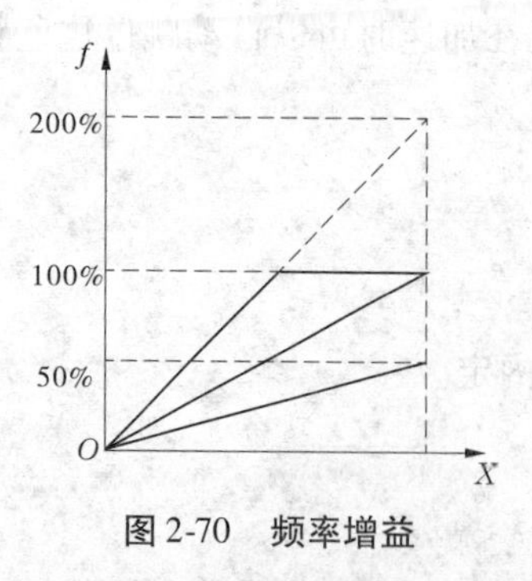

图 2-70　频率增益

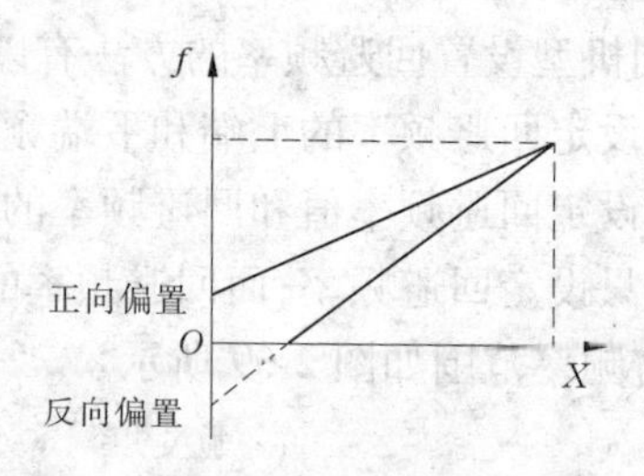

图 2-71　频率偏置

8. 瞬时停电再启动功能的设置

瞬时电压降落时变频器的保护电路动作，变频器马上停止输出，之后有两种选择，一是停止输出，二是电源恢复正常后自己重新启动。对于这两种选择，可以根据变频器运行的需要，进行瞬时停电后不启动的功能预置或者瞬时停电再启动的功能预置。其中瞬时停电再启动的功能预置要根据不同的负载进行不同的预置。

综上所述，虽然制造商在开发、制造变频器时充分考虑了用户的需要，设计了多种可供用户选择的设定、保护和显示功能。但如何充分发挥这些功能，合理使用变频器，仍是用户需要注意的问题，一些项目的设定值仍需摸索，以便用好变频器，充分发挥其在生产中的作用。

变频器的调试、维护和保养

变频器是由电子元件或集成电路组成的电子设备，因此它对周围环境的温度及抗干扰条件的要求比较苛刻。并且和其他电子设备一样，必须对它进行合理的安装、接线、维护和保养，才能使它正常地运行，圆满地完成控制任务。为了使变频器能稳定可靠地工作，充分发挥变频器所具备的性能，必须确保变频器设置的环境充分满足 IEC 标准及国际标准对变频器所规定的环境许可值。

一、变频器的调试

（一）通电前检查

在通电前要对变频器进行如下检查：

（1）检查变频器安装的空间和通风情况。变频器安装是否合理安全；变频器铭牌上的电压、容量等是否与电动机匹配；变频器控制线布局是否合理，以避免相互干扰。变频器的进线与出线不得接反，内部主回路负极端子 N 不得接到电网中线上，各控制线的接线应正确无误。

（2）变频器与电动机之间的连接导线长度应超过 50 m，若将连接导线穿在铁管或蛇皮管内，则长度应超过 30 m。特别是当一台变频器驱动多台电动机运行时，因变频器输出导线对地存在很大的分布电容，所以应在变频器输出端子上先接交流电抗器，再接后面的导线，最后接负载，以免过大的电容电流损坏变频器的逆变模块。在变频器输出侧导线较长时，还要将 PWM 的调制载频设置在低频率段，以减少变频器输出功率管的发热，降低变频器损坏的概率。

(3)确认变频器当前工作状态与工频工作状态相互切换时,有无接触器的联锁,确保不能造成短路,并且在两种使用状态下电动机转向相同。

(4)依据变频器容量、电动机容量及两者匹配等情况决定变频器输入侧是否安装交流电抗器和滤波直流电抗器。一般情况下,变频器容量在 22 kW 以上时,输入侧要安装滤波直流电抗器;变频器容量在 45 kW 以上时,输入侧还要安装交流电抗器。

(5)检测供给变频器的电网电压是否缺相,并且检测变频器主电路的交流电压值、电流值和控制电路的电压值是否在规定范围之内,测量绝缘电阻是否符合要求(注意:因电源进线端压敏电阻的保护,用高电压兆欧计测量时要分辨压敏电阻是否已动作)。

(二)变频器的调试流程

变频器的调试流程如图 2-72 所示。

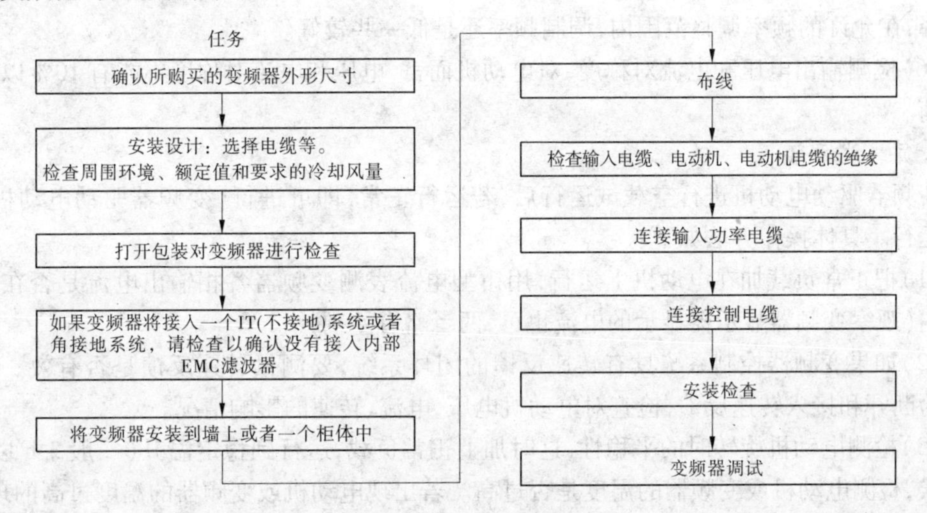

图 2-72　变频器的调试流程

(三)通电和设定

1. 通电

通电前先进行检查,如果通电条件具备,即可通电。通电后先观察显示器,并依据变频器使用手册按运行需要变更显示的内容,同时检查有无异常现象。听、看变频器冷却风机是否运转(有的变频器使用温控风机,开机时不一定运转,等机内温度升高后风机才运转)。检测进线和出线电压,听电动机运转声音是否正常,检查电动机转向是否符合要求,如果转向反了,要调换电动机三相中的其中两相,进行正反转调整,使其转向符合要求。

2. 设定

通电工作完毕,就可以进行参数的设定。设定前先读懂变频器的使用手册,对各参数的设定方法完全掌握,才能进行操作。如果变频器的参数设定允许脱离负载进行,要让变频器先脱离负载,再设定参数。变频器在出厂时设定的功能和参数,不一定刚好符合实际运行的使用要求,因此必须进行现场功能和参数的设定。设定的内容一般有频率、操作方法、最高频率、额定电压、加/减速时间、电子热过载继电器、转矩限制、电动机极数等。对矢量控制的变频器,要按手册设定或自动检测。在检查设定完毕后进行验证和储存。

(四)运行

1. 空载试运行

变频器各功能和参数设定完毕,即可进行空载试运行。试运行时,将电动机所带的负载脱离或减轻。要对空载运行作以下检查:

(1)检查电动机转向。

(2)观察电动机在各频率点时,是否有异常振动、共振,转动声音是否有异常。如有共振,应设法使变频器频率设定值避开该频率点,以消除共振现象。

(3)按设定的程序从头到尾地试运行一遍,确认不再有异常现象发生。

(4)模拟日常进行的操作,将各种可能进行的操作认真地做一遍,确认无误。

(5)听电动机在调制频率时产生的振动噪声,是否在允许范围以内,如果不合适,可更改调制频率,直到合适。频率选高了振动噪声减小,但变频器温升增加,电动机输出力矩有所下降,在允许的频率调整范围内,调制频率还是低一些较好。

(6)检测输出电压和电流对称度,对电动机而言,电压和电流对称度不能有10%以上的不平衡。

2. 负载试运行

变频器驱动电动机进行空载试运行后,若运行正常,即可进行(变频器驱动电动机)负载试运行。具体操作方法如下:

(1)把正常负载加在电动机上运行,用钳型电流表测变频器各相输出电流是否在预定值之内(观察变频器显示器显示的电流也可,两者略有差别)。

(2)如果变频器控制系统具有转速反馈的闭环系统,要测量转速反馈是否有效。做一次人为断开和接入转速反馈,检查对电动机电压、电流、转速的影响情况。

(3)检测电动机旋转时的平稳性,这时加上正常负载,运行到稳定温升(一般3 h以上)的时候,检测电动机或变频器的温度是否过高。若出现电动机或变频器的温度过高的现象,可改变电动机的负载或频率、变频器的 U/f 曲线、外部通风冷却条件或变频器的调制频率等。

(4)试验电动机运行时的升、降速时间是否过快或过慢,不合适的话应重新设置和调整。

(5)试验变频器的各类保护功能和显示是否有效,在允许的范围内,尽量多做一些非破坏性的各种保护试验,确保变频器投入运行后各种保护的可靠性。

(6)根据现场工艺的要求,试运行一周,随时监控,并作好记录,作为变频器今后工况数据的对比依据。

二、变频器的检查和维护

(一)日常检查

检查变频器安装地点、环境是否符合要求;冷却风路是否畅通,冷却风机是否能正常工作;变频器、电动机、变压器、电抗器等在运行时是否因过热发出异味;电动机运转时声音是否正常;变频器主回路和控制回路的输入和输出电压是否符合正常工作的要求;滤波电容是否有漏液、开裂、有异味,安全阀是否脱出;显示部分是否正常;控制按键和调节按钮是否能正常工作。

(二)定期检查和维护

停止变频器的运行,观察主回路电容的放电情况,在确认电容放电已经结束的时候,才能打开变频器机盖。此时清扫风机的进风口、散热片和空气过滤器上的灰尘、脏物,保证风路畅通;吹去变频器印制板上的积尘,检查各螺钉紧固件是否松动,特别要检查变频器主回路通电铜条的大电流连接螺钉,必须拧紧,不得松动,有时因铜件发热,紧固螺钉的弹性垫圈退火或断裂变形而失去弹性,必须在更换后再次拧紧;检查电路中的绝缘材料是否被腐蚀过,是否有过热引起的变色、变形的痕迹;用兆欧表检查电路的绝缘电阻是否在正常范围内(兆欧表的电压选用要适当,一般使用500 V兆欧表,测量时要判别进线端压敏电阻是否动作,以防误判。兆欧表内有高压,禁止测量印制板等弱电部分)。

易损件使用到一定周期要进行更换,主要易损件有风机、滤波电解电容等;用万用表确认各控制线控制电压的正确性,检查调节范围,并做一次保护动作试验,确定保护有效;通电测量变频器输出电压的不平衡度;测量输入输出线电压是否在正常范围内。

变频器长时间不使用要做维护,电解电容不通电时间不要超过3~6个月,因此要求间隔一段时间,变频器通电一次。新买来的变频器,如离组装完毕的时间超过半年以上,要先通低电压进行空载运行,空载运行几小时,等电容器性能恢复后再使用。

三、变频器常见故障、判断及处理

(一)运行中常见的故障

1.过电流跳闸

启动时,电动机升速刚开始,变频器就发生跳闸,这是过电流十分严重的表现。此时,应查看负载是否有短路和接地现象,工作机械是否卡住、传动是否损坏、电动机启动转矩是否过小、电动机是否根本不能启动、变频器逆变桥是否已损坏。

升速时间设定过短、降速时间设定过短、转矩补偿(U/f比)设定太大,都可造成低速过电流;热继电器调整不当、动作电流设定太小也可引起过电流动作。

2.过电压和欠电压跳闸

1)过电压

电源电压过高,降速时间设定过短,降速过程中制动单元没有工作或制动单元放电太慢(即制动电阻太大,*RC*过大),致使保护电路发生故障,引起变频器内部过电压。

2)欠电压

电源电压过低,电源缺相,整流桥有一相故障,致使变频器内部欠电压保护电路工作,变频器欠电压跳闸。

3.电动机不转

电动机、导线、变频器有损坏,线未接好,功能设置不当,如上限频率、下限频率、基本频率、最高频率设定时没有注意,导致相互矛盾。使用外部控制方式给定时,没有对选项进行预置,以及进行了其他不合理的设置。

4.发生失速

变频器在减速或停止过程中,由于设置的减速时间过短或制动能力不够,变频器内部母线电压升高发生保护(也称为过电压失速),造成变频器失去对电动机的速度控制。此时,应设置较长的减速时间,保持变压器内母线电压不至于升得太高,实现正常减速控制。

变频器在增速过程中,设置的加速时间过短或负载太重,电网电压太低,导致变频器过电流而发生保护(也称为过电流失速),造成变频器失去对电动机的速度控制。此时,应设置较长的增速时间,保持不会过电流,实现正常增速控制。

5. 变频器主器件自保护

变频器主器件自保护也称为FL保护,是变频器主器件工作不正常而发生的自我保护,很多原因都会导致FL保护。FL保护发生时,很多情况下变频器逆变器部分已经流过了不适当的大电流,这一电流在很短的时间内被检测出来,并在功率器件没有损坏前发出保护控制信号,停止驱动板对功率器件的继续激励,而避免继续发生大电流,从而保护了功率器件。也有的功率器件已损坏,不适当地流过了大电流,被检测后就停止了驱动板对功率器件的激励。还有过热使热敏元件动作发生FL保护的情况。

FL保护发生的现象一般有:一通电就FL保护,运行一段时间发生FL保护,不定期出现FL保护。FL保护发生时要检查以下器件是否已损坏而进行相应处理:

(1)模块(开关功率器件)已损坏。

(2)驱动集成电路(驱动片)、驱动光电耦合器已损坏。

(3)由功率开关器件IGBT集电极到驱动光电耦合器的传递电压信号的高速二极管损坏。

(4)逆变模块过热造成热继电器动作,这类故障一般冷却后可复位,即FL保护在冷却时不发生,可再次运行。对此要改善冷却通风,找到过热根源。

(5)外部干扰和内部干扰造成变频器控制部位、芯片发生误动作,对此要采取内外部抗干扰措施,如加磁环、屏蔽线,更改外部布线,对干扰源进行隔离,加电抗器等。

(二)元器件的检查与检修

1. 逆变功率模块的损坏

1)逆变功率模块的损坏判断

逆变功率模块是变频器的关键元器件,其质量的好坏决定着变频器的性能和质量。常见的逆变功率模块主要有IGBT、IPM等。判断逆变功率模块的好坏时,首先检查外观是否已炸开,端子与相连的印刷线路板是否有烧蚀痕迹,再用万用表查C、E,G、C,G、E之间是否导通,或用万用表测P对U、V、W和N对U、V、W的电阻是否一致,以及各驱动功率元件控制极对U、V、W、P、N的电阻是否一致。如果同一元件的电阻值不一致,证明该元件已经不能使用或该功率元件已经损坏。常用的IGBT、PIM、IPM逆变功率模块内部电路,如图2-73所示。

2)逆变功率模块的损坏原因查找

图2-74所示为变频器主回路各易损元器件的位置图。

变频器主回路经常出现故障的原因有以下几个方面:

(1)变频器主电路元器件本身质量不好,没有筛选,参数与其他元件不匹配。

(2)用户电网电压太高,或有较强的瞬间过电压,造成变频器过电压损坏。

(3)变频器的负载上接了电容或因输入、输出布线不合理,对地电容太大,使功率管有冲击电流。

(4)变频器内部的滤波电容C_1、C_2因日久老化,容量减少或内部电感变大,对母线的过电压吸收能力下降,造成母线上电压太高而损坏IGBT。

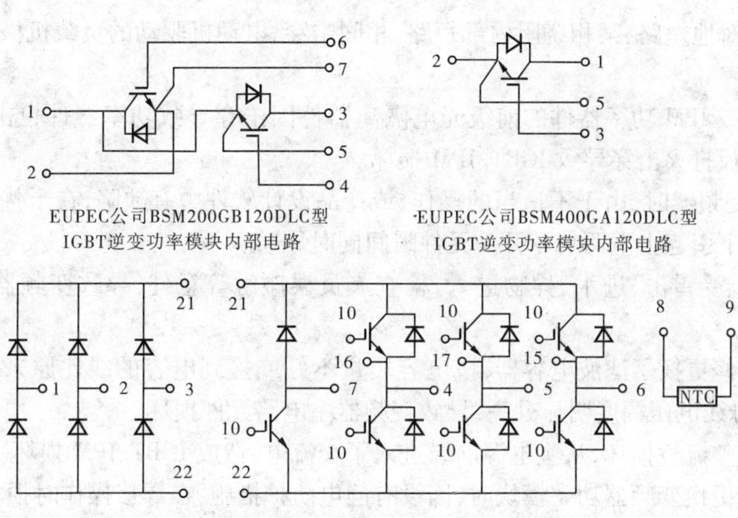

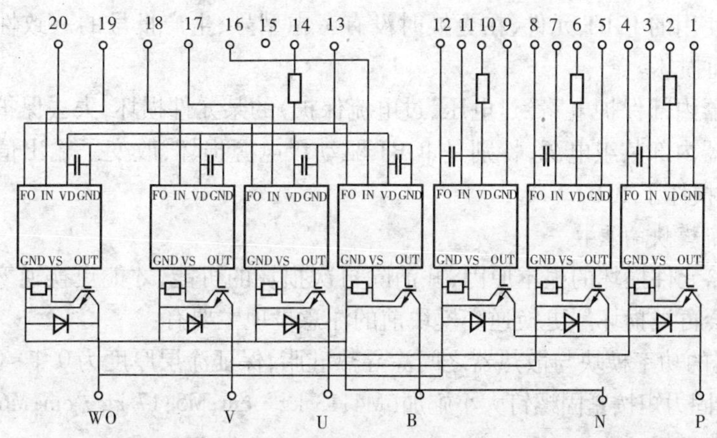

TOSHIBA公司MIG75Q7SAOX型IPM逆变功率模块内部电路

图 2-73　IGBT、PIM、IPM 逆变功率模块内部电路

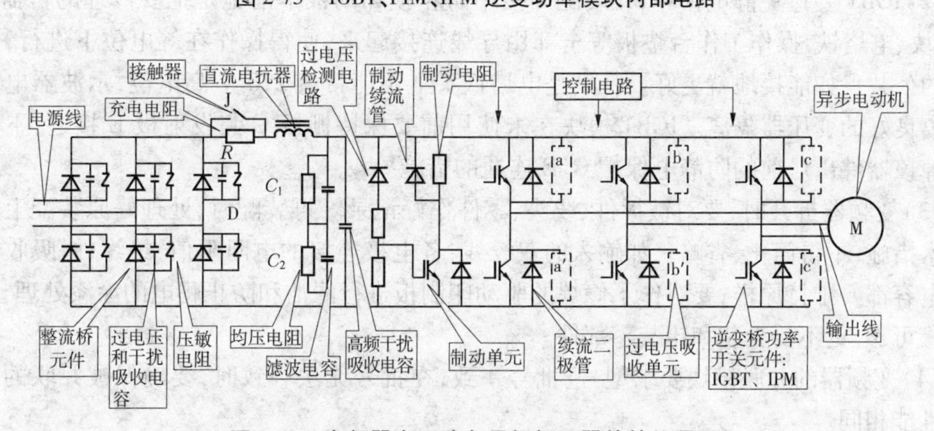

图 2-74　变频器主回路各易损坏元器件的位置图

(5)变频器内部功率开关管的过电压吸收电路发生损坏,造成不能有效吸收过电压而使 IGBT 损坏。

(6)变频器外部负载有严重过电流或三相不平衡电流、输出电线有短路或对地短路,电动机某相绕阻对地短路、某相绕阻内部短路、相间击穿、电动机驱动的负载机械卡住,造成元器件损坏。

(7)IGBT 或 IPM 功率器件的前级光电隔离器件因击穿导致功率器件也击穿,或尘埃、潮湿造成印制板打火击穿导致 IGBT、IPM 损坏。

(8)操作变频器时,由于不适当的操作,或产品设计软件中有缺陷,在干扰和开机、关机等不稳定情况下引起上下两功率开关元件瞬间同时导通。

(9)变频器受雷击、进水、异物进入、检查人员误碰触等意外,导致变频器主电路元件损坏。

(10)经维修更换了滤波电容器,该电容质量不好或接到电容的线比原来长了,使电感量增加,造成母线电压幅度明显升高,导致变频器主电路元件损坏。

(11)前级整流桥损坏,从主电源前级进入了交流电,造成 IGBT、IPM 损坏。

(12)修理更换变频器功率模块时,因没有静电防护措施,在焊接操作时损坏了 IGBT,或修理中散热、紧固、绝缘等处理不好,导致 IGBT 使用的时间不长就损坏。

(13)并联使用的 IGBT 元件,在更换时没有考虑型号、生产批号的一致性,导致各并联元件电流不均而损坏。

(14)变频器内部保护电路(过电压、过电流保护)的某元件损坏,失去保护功能。

(15)变频器内部某组电源,特别是 IGBT 驱动级电源损坏,改变了输出值,或两组电源间绝缘被击穿,损坏了 IGBT。

3)逆变功率模块的更换

查到主电路元件损坏的根本原因,并消除再次损坏的可能,才能更换逆变模块。否则,换上新模块也会再被损坏。更换逆变模块前的注意事项主要有:

(1)变频器的功率模块与散热器之间涂导热硅脂,保证涂层厚度为 0.1 ~ 0.25 mm,接触面 80% 以上,紧固力矩按紧固螺钉大小施加(M4:13 kg · cm;M5:17 kg · cm;M6:22 kg · cm),以确保模块散热良好。

(2)IGBT 要避免静电损坏,在装配焊接中防止损坏的根本措施是把要修理的机器、IGBT 模块、电烙铁、操作工作台垫板等全部用导线连接起来,使得操作在等电位下进行,全部连接的公共点如能接地就更好。特别是电烙铁头上不能带有 220 V 高电位,示波器电源要用隔离良好的变压器隔离。IGBT 模块在未使用前要保持栅极 G 与发射极 E 接通,不得随意去掉该器件出厂前的防静电保护 G、E 连通的措施。

(3)变频器拆开时,要对被拆件、线头、零件作好记录。再装配时,处理好原装配上的各类技术措施,不得简化、省略。如输入的双绞线、各电极连接的电阻阻值、绝缘件、吸收板或吸收电容都要维持原样;要对作了修焊的驱动印制板进行清洁和防止爬电的涂漆处理,以保证绝缘可靠,更不要少装和错装零部件。

(4)变频器的并联模块要求型号、批号一致,在批号无法一致时,要确保被并联的全部模块性能相同。

(5)如果变频器因炸机造成了铜件缺损,要把毛刺修圆磨光,避免因过电压发生尖端放电而再次损坏。

4)逆变功率模块更换后的通电

有时变频器更换模块后,一通电又把模块烧了,为了防止这种现象的出现,一般在变频器的直流主回路里串入一电阻,电阻值为 1~2 kΩ、功率 50 W 以上。由于电阻的限流作用,即使故障开机也不会损坏模块。此时可作空载试验,一般空载运行正常的话,去掉电阻也都会正常。

2. 整流桥的损坏

1)整流桥的损坏判断

用万用表欧姆挡判断整流桥是否损坏,对并联的整流桥要松开连接件进行检查。

2)整流桥的损坏原因查找

整流桥的损坏原因主要有:

(1)变频器的整流元器件本身质量不好。

(2)电网电压太高,电网遇雷击和过电压浪涌。电网内阻小,过电压保护的压敏电阻已经烧毁不起作用,导致全部过电压加到整流桥上。

(3)变频器离电网的电源变压器太近,中间的线路阻抗很小,变频器没有安装直流电抗器和输入侧交流电抗器,使整流桥处于电容滤波的高幅度尖脉冲电流的冲击状态下,使整流桥过早损坏。

(4)变频器的后级电路,逆变功率开关元件损坏,导致整流桥流过短路电流而损坏。

(5)三相输入缺相,使整流桥负担加重而损坏。

3)整流桥的更换

更换整流桥时要注意以下几点:

(1)找到引起整流桥损坏的根本原因并消除,防止换上新整流桥又发生损坏。

(2)更换新整流桥,对焊接的整流桥需确保焊接可靠。确保与周边元件的电气安全间距。与散热器有传导导热的,要求涂好硅脂降低热阻。

(3)变频器的并联整流桥要用同一型号、同一厂家的产品,以避免电流不均匀而损坏。

3. 滤波电解电容器损坏

1)滤波电解电容器损坏的判断

电容外观炸开,铝壳鼓包,塑料外套管裂开,流出电解液;保险阀开启或被压出,小型电容顶部分瓣开裂;接线柱严重锈蚀,盖板变形、脱落;用万用表测量开路或短路时,电容容量明显减小,漏电严重等。

2)滤波电解电容器的损坏原因查找

滤波电解电容器的损坏原因主要有:

(1)变频器的电容器件本身质量不好(漏电流大、损耗大、耐压不足,含有氯离子等杂质,结构不好,寿命短)。

(2)变频器电源回路中滤波前的整流桥损坏,有交流电直接进入电容。

(3)变频器电源回路中分压电阻损坏,分压不均造成某电容首先击穿,随后其他相关电容也击穿。

(4)变频器的电容安装不良,如外绝缘包皮损坏,外壳连到了不适当的电位上,电气螺接处和焊接处接触不良而发热损坏。

(5)变频器的散热环境不好,使电容温升太高,日久而损坏。

3)滤波电解电容器的更换

更换滤波电解电容器时要注意以下几点:

(1)更换变频器滤波电解电容器时,最好选择与原来相同的型号。若当时没有相同的型号,应从耐压、漏电流、容量、外形尺寸、极性、安装方式上进行选择,并且要选用能承受较大纹波电流、长寿命的品种。

(2)电容更换和拆装过程中,注意电气连接(螺接和焊接)必须牢固可靠,正负极不得接错,固定用卡箍须牢固固定,不得损坏电容外绝缘包皮,分压电阻照原样接好,并测一下电阻值,应使分压均匀。

(3)已放置一年以上的电解电容器,使用前应测量漏电流,漏电流不得太大。安装前先加直流电进行测试,直流电先加低一些,当漏电流减小时,再升高电压,最后在额定电压时,漏电流值不得超过标准值。若和标准值不符,就不能再使用。

(4)更换变频器滤波电解电容器时,因电容的尺寸不合适,修理替换的电容需装在其他位置。此时从逆变模块到电容的母线不能比原来的母线长,两根正、负母线包围的面积应该尽量小,最好用双绞线方式。原因是电容连接母线延长或正、负母线包围面积大会造成母线电感增加,引起功率模块上的脉冲过电压上升,损坏功率模块或过电压吸收器件。在不得已的情况下,可用高频高压的浪涌吸收电容用短线加装到逆变模块上,帮助吸收母线的过电压,弥补因电容连接母线延长带来的危害。

4. 变频器风机的损坏

1)变频器风机的损坏判断

变频器风机损坏与否应从以下几个方面进行判断:

(1)测量变频器风机电源电压是否正常,如风机电源不正常,首先要修好风机电源。

(2)确认电源正常后,风机如不转或慢转,则已损坏。

2)变频器风机的损坏原因查找

变频器风机的损坏原因主要有:

(1)变频器风机质量不好,线包烧毁、局部短路,直流风机的电子线路损坏,风机引线断路,机械卡死,含油轴承干涸,塑料老化变形卡死等。

(2)环境不良,有水汽、结露、腐蚀性气体,脏物堵塞、温度太高使塑料变形。

3)变频器风机的更换

更换变频器风机时要注意以下几点:

(1)最好选择原型号或比原型号性能优良的风机。

(2)风机的拆卸有很多情况要牵动变频器内部机芯,在拆卸时要作好记录和标志,防止再安装时发生错误。有的设计充分考虑到更换的方便性,此时要看清楚,不要盲目大拆、大动。

(3)安装螺钉时,力矩要合适,不要因过紧而使塑料件变形和断裂,也不能太松而因振动松脱。风机的风叶不得碰触风罩,更不得装反风机,致使风向不对。

(4)选用风机时,注意风机轴承是滚珠轴承的为好,含油轴承的机械寿命短。就单纯轴承寿命而言,使用滚珠轴承时风机寿命会高 5 ~ 10 倍。

(5)风机装在出风口承受高温气流,其风叶应用金属或耐高温塑料制成,不得使用劣质塑料,以免变形。

(6)电源连接要正确良好,转子风叶不得与导线相摩擦,装好后要通电试一下。

(7)清理风道和散热片内的堵塞物很重要,不少变频器因风道堵塞而发生过热保护或损坏。

5. 变频器开关电源的损坏

1）变频器开关电源的损坏判断

变频器开关电源损坏与否应从以下几个方面进行判断：

(1)开关有输入电压，而无输出电压，或输出电压明显不对。

(2)开关电源的开关管、变压器印制板周边元件，特别是过电压吸收元件有外观上可见的烧黄、烧焦，用万用表测开关管等元件已损坏。

(3)开关电源变压器漆包线长期在高温下使用出现发黄、焦臭，变压器绕阻间有击穿，变压器绕组特别是高压线包有断线，骨架有变形和跳弧痕迹。

2）变频器开关电源的损坏原因查找

变频器开关电源的损坏原因主要有：

(1)开关电源变压器本身漏感太大。运行时原边绕组的漏感造成大能量的过电压，该能量的吸收元件（阻容元件、稳压管、瞬时电压抑制二极管）吸收电压时发生严重过载，时间一长吸收元件就损坏了。

以上原因又会使开关电源效率下降，开关管和变压器发热严重，而且开关管上出现高的反峰电压，促使开关管损坏及变压器损坏，特别是在密闭机箱里的变压器、开关管、吸收用电阻、稳压管或瞬时电压抑制二极管的温度会很高。

(2)变压器导线因氧化、助焊剂腐蚀而断裂。

(3)元器件本身寿命问题，特别是开关管和开关集成电路因电流电压负担大，更易损坏。

(4)环境恶劣，灰尘、水汽等造成绝缘损坏。

3）开关电源的更换

更换变频器的开关电源时要注意以下几点：

(1)开关电源因局部高温已使印制板深度发黄、碳化，或者印制线损坏，印制板的绝缘层和所覆的铜箔、导线已不能使用时，只能整体更换该印制板。

(2)查出损坏的元件后更换新元件，新元件型号应与原型号一致。在不能一致时，要确认新元件的功率、开关频率、耐压以及尺寸是否适合，并应与周边元件保持绝缘间距。

(3)修好后，应通电检查。通电时，不应使整个变频器通电，而只对有开关变压器的那一部分通电。在开关变压器的电源侧通电，检查工作是否正常，各副边电压是否正确。

6. 接触器的损坏

1）接触器的损坏判断

接触器是否损坏应从以下几个方面判断：

(1)发生逆变桥模块炸毁、滤波电解电容爆炸等变频器后级严重过电流短路时，都要检查是否累及接触器。常见的损坏有触头烧蚀、烧黏结，以及接触器塑料件烧变形。

(2)少数接触器会发生控制线圈断线和完全不动作。

2）接触器的损坏原因查找

接触器的损坏原因主要有：

(1)后面有短路，过电流故障造成触头烧蚀。

(2)线圈质量不好，发生线圈烧毁、烧断线而不能吸合。

(3)有电子线路的接触器，会因电子线路损坏而不能动作，因此最好不用有电子线路的接触器。

(4)因炸机火焰损坏。

3)接触器的更换

更换接触器时要注意以下几点:

(1)选同型号、同尺寸、线圈电压相同的更换,如为不同型号,则性能、尺寸、电压应相同。

(2)不要使用带电子线路的接触器,因为故障率高。

(3)如果旧的接触器可以更换内部零件而修好的,则必须严格按原有内部结构正确装配。

(4)对烧蚀不严重的触头,可以用细砂布仔细磨光继续使用。

(5)因触头要流过大电流,对于螺钉连接的铜条和导线,必须拧紧,以减少发热。

7. 变频器印制板电路的损坏

1)变频器印制板电路的损坏判断

变频器印制板电路是否损坏应从以下几个方面进行判断:

(1)排除了主回路器件的故障后,如还不能使变频器正常工作,最为简单有效的判断是拆下印制板看一下正反面是否有明显的元件变色、印制线变色、局部烧毁状况。

(2)一般变频器上的印制板主要有驱动板、主控板、显示板,根据变频器故障表现特征,使用换板方式判断哪块板有毛病。对于其他印制板,如吸收板、GE 板、风机电源板等,因电路简单可用万用表迅速查出故障。

(3)印制板在有电路图时,按图检查各电源电压,用示波器检查各点波形,先从后级检查,逐渐往前级检查。在没有电路图时,采用比较法,对电路相同的部分进行比较,有好的印制板在手时,将故障板与好的印制板对照一下,查出不同点,再作分析即可找到损坏的器件。

2)变频器印制板电路的损坏原因查找

变频器印制板电路的损坏原因主要有:

(1)元器件本身质量和寿命原因,特别是功率较大的器件坏的概率更大。

(2)元器件因过热或过电压损坏、变压器断线、电解电容干涸、漏电、电阻长期高温而变质。

(3)环境温度、湿度、水露、灰尘引起印制板腐蚀、击穿绝缘漏电等损坏。

(4)模块损坏导致驱动印制板的元件和印制线损坏。

(5)接插件接触不良,单片机、存储器受干扰,晶振失效。

(6)原有程序因用户自行调乱,不能工作。

3)变频器印制板电路的更换

更换变频器印制板电路时要注意以下几点:

(1)印制板维修时需有电路图、电源、万用表、示波器、全套焊接拆装工具,以及日积月累的经验,才会比较迅速地找到损坏之处。

(2)印制板表面有防护漆等涂层,检测时要仔细用针状测笔接触被测金属,防止误判。由于元件过热和过电压容易造成元件损坏,所以对于开关电源的开关管、开关变压器、过电压吸收元件、功率器件、脉冲变压器、高压隔离用的光电耦合器、过电压吸收或缓冲吸收板及所属元件、充电电阻、场效应管或 IGBT 管、稳压管或稳压集成电路要高度注意,首先检查。

(3)印制板的更换会因版本不同而带来麻烦,因此维修人员确定要换板时,就要看版号标示是否一致。如不一致而发生了障碍,就要向制造商了解清楚。

(4)单片机编号不一样则内部的程序就不一样,在使用中某些项目可能会表现出不一样的结果。因此,使用中如确认程序有问题,就应向制造商询问。

(5)干扰会导致变频器工作不正常或发生保护。此时,应采取抗干扰措施,除变频器整体上考虑抗干扰外(如加装输入、输出交流电抗器,无线电干扰抑制电抗器,输出线加磁环等),还可以在主控板的电源端加装由磁环和同相串绕的几匝导线构成的所谓共模抑制电抗器,对主控板上下位置作静电隔离屏蔽,以及外部控制线采用屏蔽线或用双绞线等。

(6)印制板维修后要通电检查,此时不要直接对变频器的主回路通电,而要使用辅助电源对印制板加电,并用万用表检查各电压,用示波器观察波形,确认完全无误后才可接到主回路一起调试。

8. 变频器内部打火或燃烧

1)过电压吸收不良造成打火

变频器的主要开关器件在快速切换电流时,由于被切换电路上往往有电感存在,电感上储存的磁场能量将迅速转变为电场能量,特别当被切换电流大,而电路分布电容小的时刻,在电流切换器件的端子上将出现极高的过电压,这个电压有时高到几百、几千伏,甚至几万伏。因此,在变频器的功率开关器件(如 IGBT)的 C、E 端,开关电源管的 C 端,电源进线端等部位都设置了过电压吸收电路或器件来作保护。但这些保护器件失效,或具有相同作用的其他器件性能变坏(如承担部分过电压吸收的滤波电容干涸),都有可能出现过电压,发生打火、击穿,或被保护的开关器件自身损坏。

为了保证功率开关器件不会因浪涌电流的出现而损坏,常常设计如下过电压吸收电路:

(1)功率开关器件的过电压吸收电路,常见类型如图 2-75 所示。图 2-75(a)所示适用于小功率或六合一、七合一 IGBT;图 2-75(b)所示适用于大功率 IGBT;图 2-75(c)所示适用于大功率上下管分开结构;图 2-75(d)所示适用于开关电源的开关变压器或电感性负载漏抗能量的吸收。以上使用的二极管一定要用快恢复或超快恢复二极管,且所有接线要短。

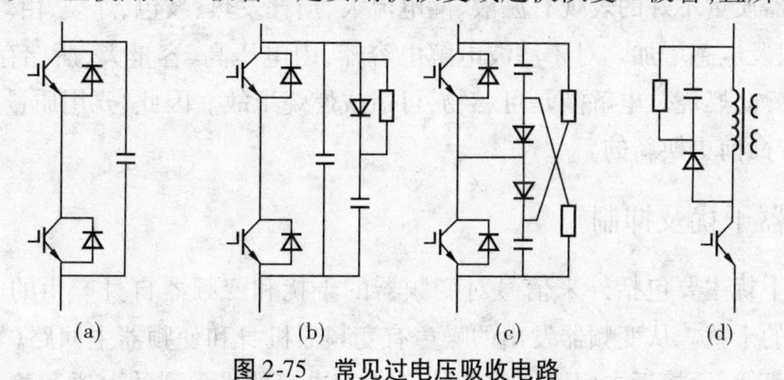

图 2-75 常见过电压吸收电路

(2)电源进线端的过电压吸收电路,常见类型如图 2-76 所示。

当这些吸收元件损坏及安装它的印制板损坏时,就会产生过电压、跳火、烧蚀及主器件损坏。

更换这些元件时要注意型号的重要性,如二极管一定要用快恢复或超快恢复二极管,连接的接线要短,以减少分布电感的危害。

2)主器件损坏造成打火

有些变频器损坏的现象使人感到莫名其妙,母线间的某个间距并不小,但有尖端放电可

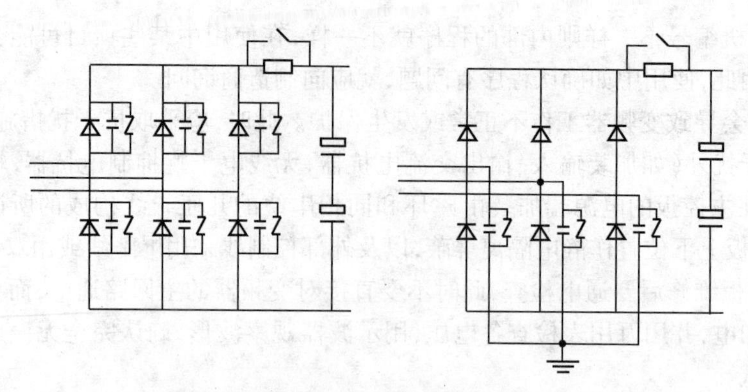

图 2-76　电源进线端的过电压吸收电路

能的区域,出现打火电蚀的痕迹,仔细检查发现某主器件被损坏。原因是:当主器件瞬间短路时,大电流会造成母线间过电压,如图 2-77 所示。

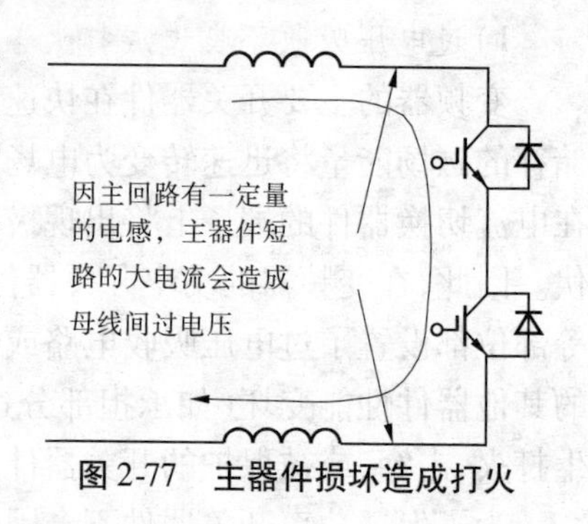

图 2-77　主器件损坏造成打火

逆变桥开关器件 IGBT 短路会造成正负母线间打火,整流桥短路有可能造成进线处打火或进线保护用压敏电阻损坏,因进线也有电感,会造成过电压。

逆变桥开关器件 IGBT 或整流桥烧毁常造成器件自身炸裂,严重时殃及周围器件,如烧毁驱动电路板。

3)压敏电阻问题

压敏电阻本来是用于进线侧吸收进线过电压的保护器件,但当进线侧电压持续升高,压敏电阻性能有变化时,有可能使压敏电阻爆炸烧毁,同样有可能殃及周围器件和导线绝缘。

4)电解电容器问题

电解电容器质量不好的表现有漏液、漏电流大、损耗发热、鼓包、炸裂、由炸裂引起燃烧、容量下降、内阻及电感增加。对于滤波电解电容器,因电压高、容量大,所储存的能量大,容易造成漏液、爆炸、燃烧。电解液是可燃物,可造成燃烧事故。因此,要用质量好的电解电容器,并在到达寿命前更换新的。

四、变频器干扰及抑制

变频器的干扰主要包括外来信号对变频器的干扰和变频器自身产生的干扰。图 2-78 所示为变频器的干扰。从变频器发出的噪声有变频器机身和变频器主回路(输入、输出)连接线的辐射噪声等,而接近主回路电线的外围设备的信号线受到的电磁和静电感应与电源电路电线传输干扰有很大不同。

因此,在装设变频器时,应考虑采取各种抗干扰措施,削弱干扰信号的强度。如对于通过辐射传播的无线电干扰信号,可采用屏蔽、装设电抗干扰滤波器等措施来削弱,如图 2-79 所示。

谐波的传播途径是传导和辐射,解决传导干扰主要是在电路中把传导的高频电流滤掉或者隔离,解决辐射干扰主要是对辐射源或被干扰的线路进行屏蔽。

抑制谐波干扰的具体方法如下:

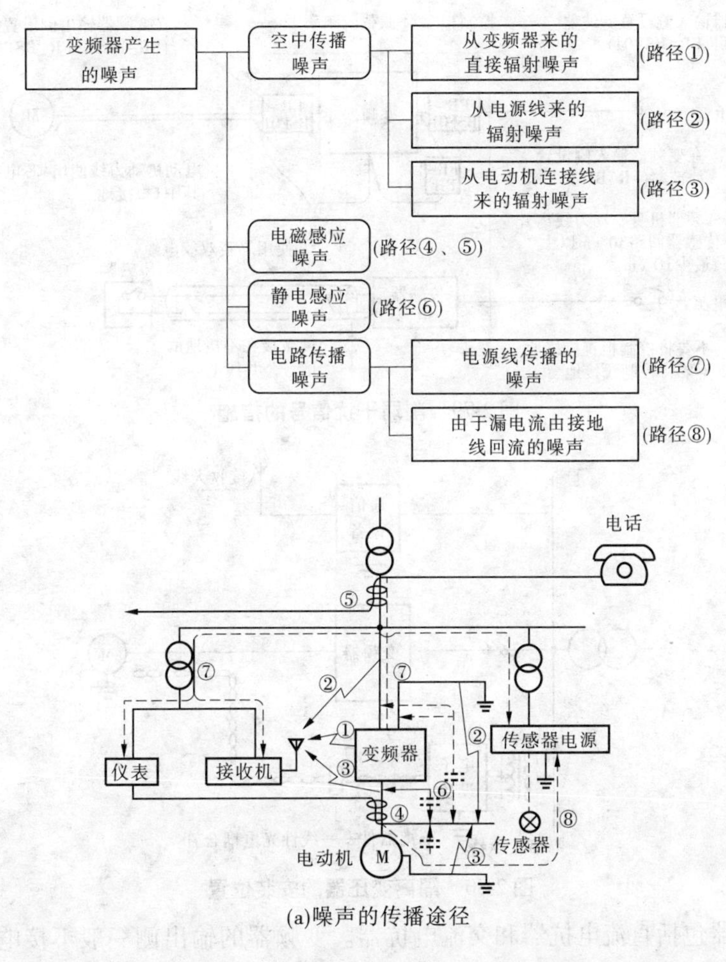

(a)噪声的传播途径

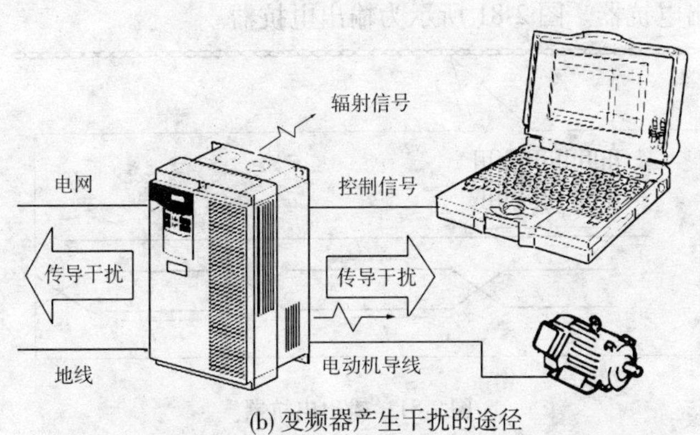

(b)变频器产生干扰的途径

图 2-78　变频器的干扰

(1)让变频系统的供电电源与其他设备的供电电源相互独立,或在变频器和其他用电设备的输入侧安装隔离变压器,均可切断谐波电流。图 2-80 所示为在变频器和其他用电设备的输入侧安装隔离变压器的示意图。

(2)在变频器输入侧串接合适的电抗器,或安装谐波滤波器,其中滤波器的组成必须是 *LC* 型,用来吸收谐波和增大电源或负载的阻抗,达到抑制谐波的目的。变频器在电源输入

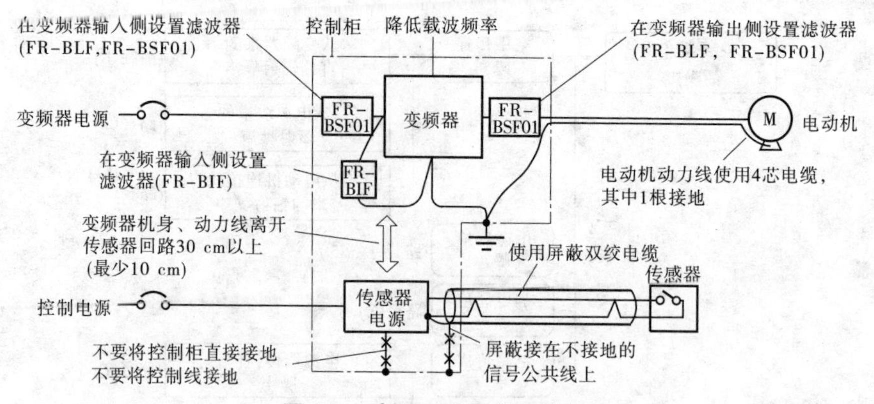

图 2-79　削弱干扰信号的措施

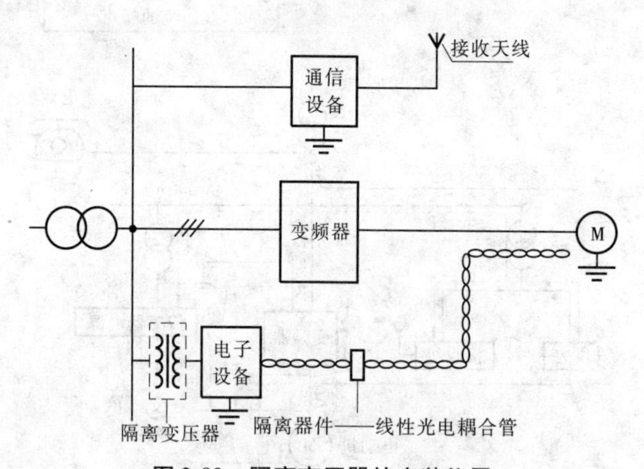

图 2-80　隔离变压器的安装位置

侧接入的电抗器包括直流电抗器和交流电抗器。变频器的输出侧一般不接电抗器,但有必要时,也可接入输出电抗器。图 2-81 所示为输出电抗器。

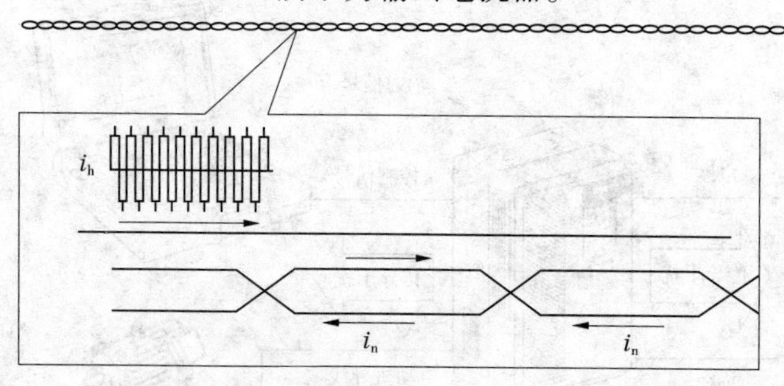

图 2-81　输出电抗器

图 2-82 所示为在输入侧与输出侧安装谐波滤波器。

(3)电动机和变频器之间的电缆应穿钢管配线或用铠装电缆,并与其他弱电信号在不同的电缆沟分别配线,避免辐射干扰。

(4)控制线采用屏蔽线,且布线时与变频器主回路控制线间隔一定距离(至少 20 cm),以切断辐射干扰。图 2-83 所示为变频器控制线采用屏蔽线。

主电路屏蔽是指变频器到电动机的连线穿入金属管内,金属管接地,见图 2-83 中①;控制电路屏蔽是指当控制线和变频器相接时,屏蔽层可不用接地,而只需将其中的一端接至仪器

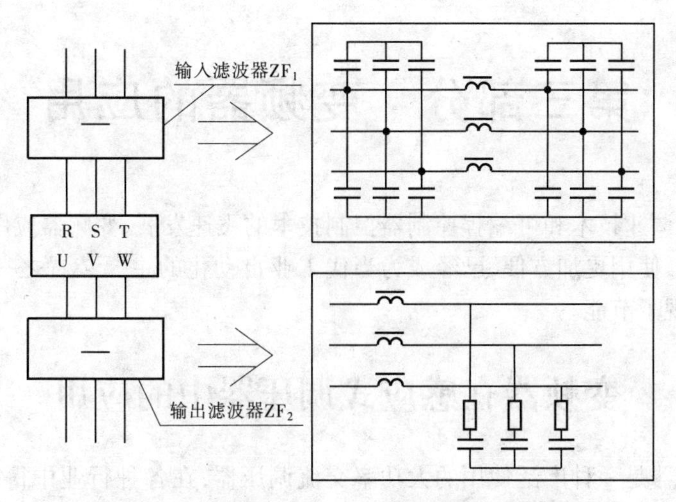

图 2-82　在输入侧与输出侧安装谐波滤波器

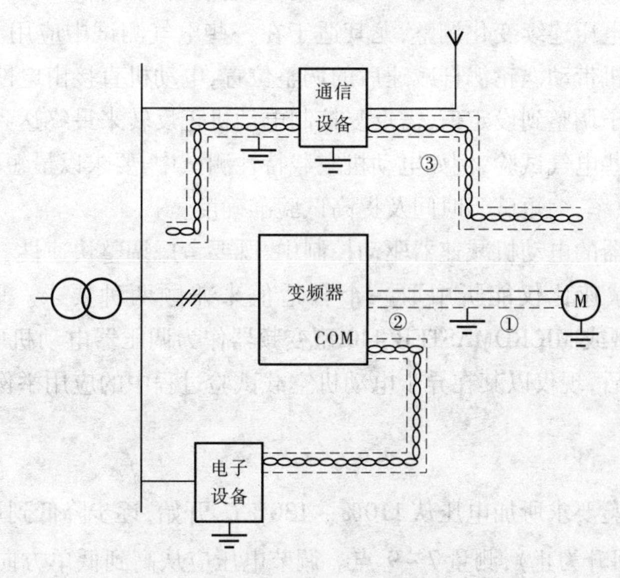

图 2-83　变频器控制线采用屏蔽线

(如变频器)的信号公共端即可,见图 2-83 中②;屏蔽层也可以在一端接地,见图 2-83 中③。

(5)变频器使用专用接地线,且用粗短线接地。邻近其他电器设备的地线必须与变频器配线分开,使用短线。这样能有效抑制电流谐波对邻近设备的辐射干扰,如图 2-84 所示。

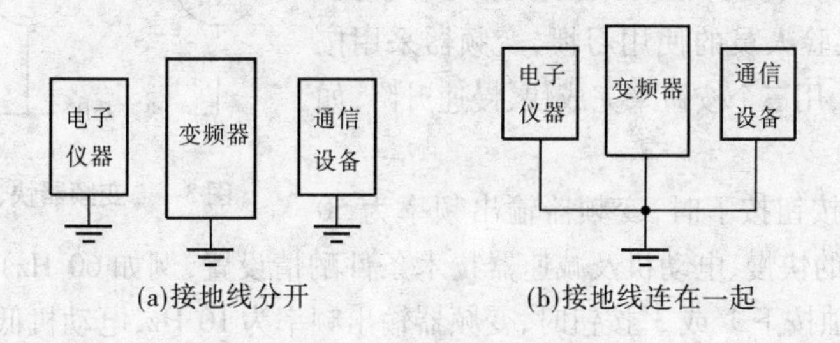

图 2-84　变频器接地线

第三部分　变频器的应用

随着变频器调速技术和可编程控制器控制技术的飞速发展，变频器应用面越来越广泛，功能越来越强大，使用更加方便，已经成为当代工业自动化的主要装置之一，往往在进行调速的同时，还实现了节能。

变频器在感应式调压器中的应用

感应式调压器是一种广泛使用的大功率交流调压器，在各种行业中得到广泛应用。它是依靠改变调压器转子定子之间的相对位置来改变输出电压的，输出电压调整范围大，可近似从零到额定输出电压连续变化调整，尤其适于在一些电气测试中应用。通常调压器转子的位置是通过电动机带动涡轮涡杆减速后的调整位置，电动机直接由电网供电，由于惯性输出电压不容易一下子调整到设定值，需反复控制电动机正反转来最终达到设定值，相对调整时间较长。而在某些电气试验，例如电动机空载特性测试中，要求以最短时间稳定准确地达到设定值，以提高效率，缩短试验时间及提高试验准确度。

在感应式调压器的电动机减速器驱动控制中，既要考虑调整快速性，又要考虑细微调节的准确性，所以其减速比仅能折中取一个合适值来兼顾两种要求。采用 SIEMENS MICROMASTER 420 型或 MICROMASTER 440 型变频器作为调压器电动机驱动控制就可以很方便地解决这一矛盾，现仅以其在异步电动机空载试验过程中的应用举例说明如下。

一、配置

电动机空载试验要求所加电压从 110% ~130% U_N开始，逐步降低到可能达到的最低电压值（即电流开始回升为止），测量 7 ~9 点。调节电压应从高到低单方向进行，不宜在调节点处反复增减（如需要 380 V，而由于调压器电动机驱动调节过头，以致低于 380 V，再反过来调高至 380 V）。这是因为磁滞效应会增加试验测量误差，同样是在 380 V 这一点，由于调节方向不同，如从高到低或从低到高达到 380 V，测得的电流数值是不一样的，影响试验数据的准确性。为了适应电动机试验人员的使用习惯，变频器采用按钮式控制频率升降，用三个按钮来完成快、慢速升降，如图 3-1 所示。

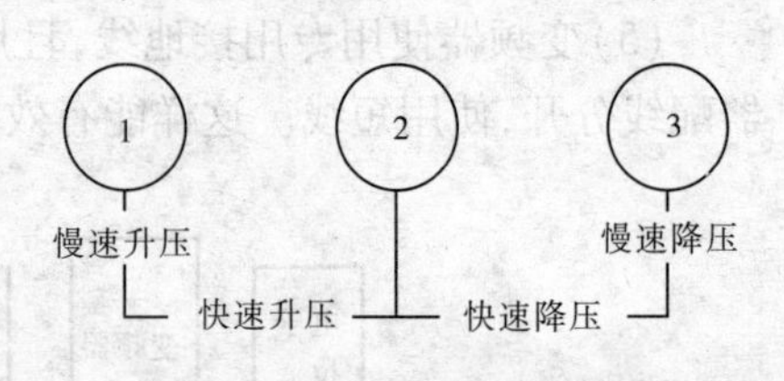

图 3-1　变频器快、慢速升降图

1#、2#或 2#、3#按钮按下时，变频器输出频率为 50 Hz（根据需要速度的快慢、电动机及减速器技术条件酌情设置，例如 60 Hz），电动机全速运行以快速调压；单独按下 1#或 3#按钮时，变频器输出频率为 10 Hz，电动机低速运行，以精确调压；按下 2#按钮或 1#、3#按钮或 1#、2#、3#按钮，变频器输出均为 0，电动机不转。

对于容量较大的调压器，由于转动惯量较大，为了使电动机迅速停止，可以采用 440 型变频器,其内部已经带有制动单元,用户仅需外接一个制动电阻,即可实现能耗制动,使调节更稳更快。为了达到上述控制要求,我们可以采用固定频率设定功能来完成。

1#按钮对应数字输入1,2#按钮对应数字输入2,3#按钮对应数字输入3。

二、变频器接线图

变频器接线图如图3-2所示。

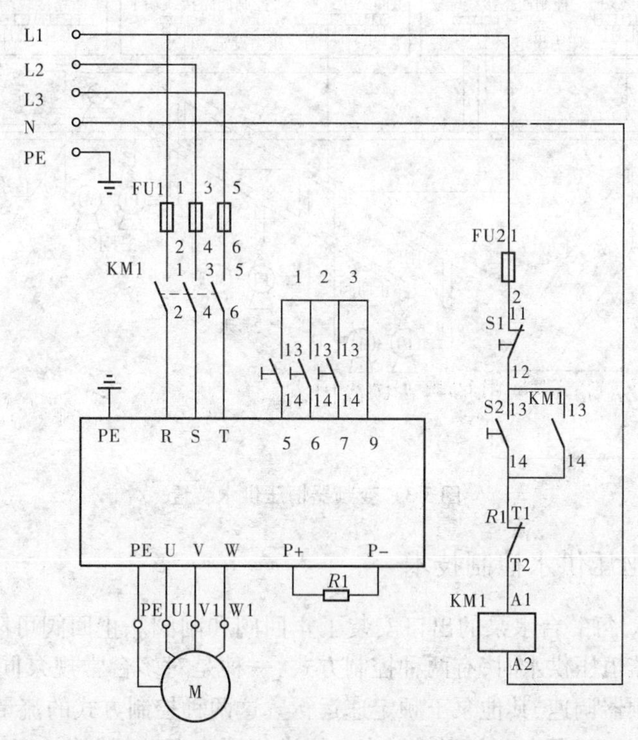

图3-2 变频器接线图

三、变频器主要参数设置(420型变频器)

快速升压 P1003 = 50 Hz　　慢速升压 P1001 = 10 Hz

快速降压 P1006 = -50 Hz　　慢速降压 P1004 = -10 Hz

P1002 = 0　　P1007 = 0　　P1005 = 0(封锁误动作)

P0700 = 2　　P0701 = 17　　P0702 = 17

P0703 = 17　　P1000 = 3

变频器在恒压供水中的应用

恒压供水指在任何时候,不管用水量的大小,总能保持管网中水压的基本稳定。这样,既可满足各用户、各部门用水的需求,又可在用水量小的时候,减少水泵的开机台数或降低水泵的转速,不使电动机空转,以保持管网压力的恒定,达到节能的目的。

变频器恒压供水装置如图 3-3 所示。

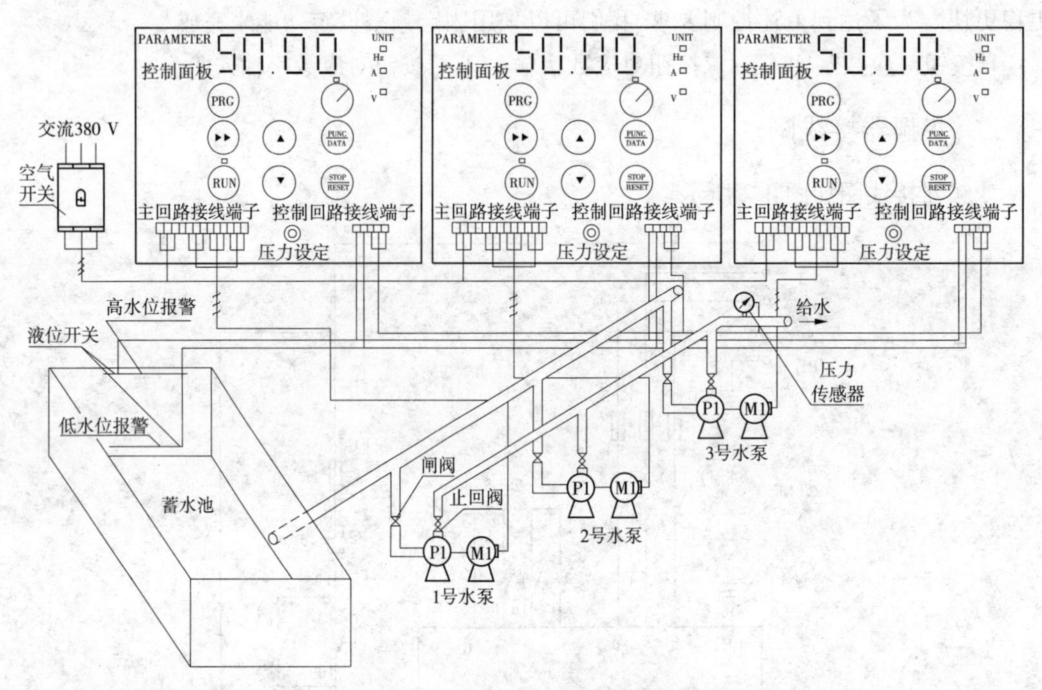

图 3-3　变频器恒压供水装置

一、变频器恒压供水控制技术

如图 3-3 所示,每一台水泵的出口安装了止回阀和闸阀。止回阀可防止供水管内水倒流。当采用变频器恒压供水时,有两种控制方式:一种是对多台常规泵同步调速,另一种是一台常规泵作变频器调速、其他泵工频定速运行。这两种控制方式的流量、压力关系是不一样的,相应地,其节能效果也有差别。对多台泵进行同步调速,就等效于对一台大功率水泵进行变频调速。如果只对其中一台泵进行变频调速,其他泵工频运行,变频器的装机功率就小多了,而系统流量的富裕量并没有改变,仍能实现全流量供水,性价比就比较高。因此,为节省投资,采用变频泵—工频泵并联运行的调速方式,是比较普遍的做法。

恒压供水自动控制系统工作时,设备通过安装在供水管网上的高灵敏度压力传感器来检测供水管网在用水量变化时的压力变化,不断向变频器传输变化的信号。经过微电脑判断运算,并与设定的压力值比较后,向控制器发出改变频率的指令。控制器通过改变频率来改变水泵电动机的转速与启用台数,自动调节峰谷用水量,保证供水管网压力恒定,以满足用户用水的需求。使用恒压供水装置可实现无水自动停泵,低水压全速运行,变频泵转速、管网压力数码显示,过电流保护及工作电流显示、变频器故障显示,蜂鸣器、电铃报警,管网过水压自动停泵并报警,一次水不足自动停泵等功能,抗干扰能力强等。图 3-4 所示为供水系统配置图。

图 3-5 所示为简化了的工作原理框图。

二、恒压供水控制回路

以三台泵为例,恒压供水控制回路由主供水回路、备用回路、一个清水池及泵房组成。

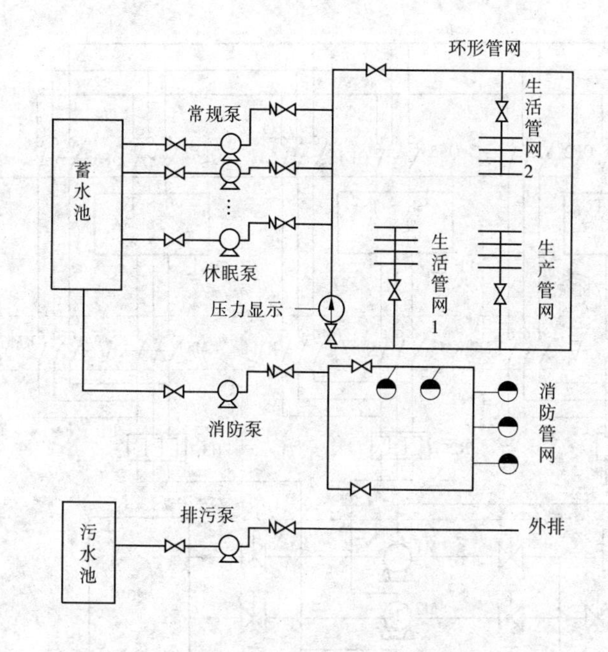

图 3-4　供水系统配置图

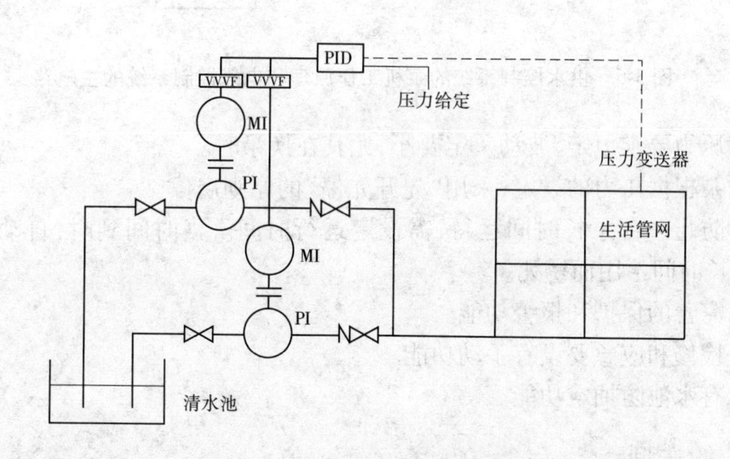

图 3-5　简化了的工作原理框图

其中，泵房装有 1～3 号共 3 台泵机，还有多个电动闸阀或电动蝶阀控制各供水回路和水流量。控制系统采用了以可编程控制器 PLC 为核心的多功能高可靠性控制系统。为防止变频器停电不工作时，系统给变频器反送电，造成变频器元件损坏，KM1 和 KM2、KM3 和 KM4、KM5 和 KM6 必须进行机械互锁。供水控制系统的泵机工作原理和电气控制系统的主电路如图 3-6 所示。M1、M2、M3 为三台电动机，交流接触器 KM1～KM6 控制三台电动机的运行，FR1、FR2、FR3 为电动机 M1、M2、M3 的热继电器，QF1、QF2、QF3、QF4、QF5、QF6 分别为主电路、变频器和三台泵的断路器。

三、系统控制的工艺要求

系统控制的工艺要求包括以下几点：

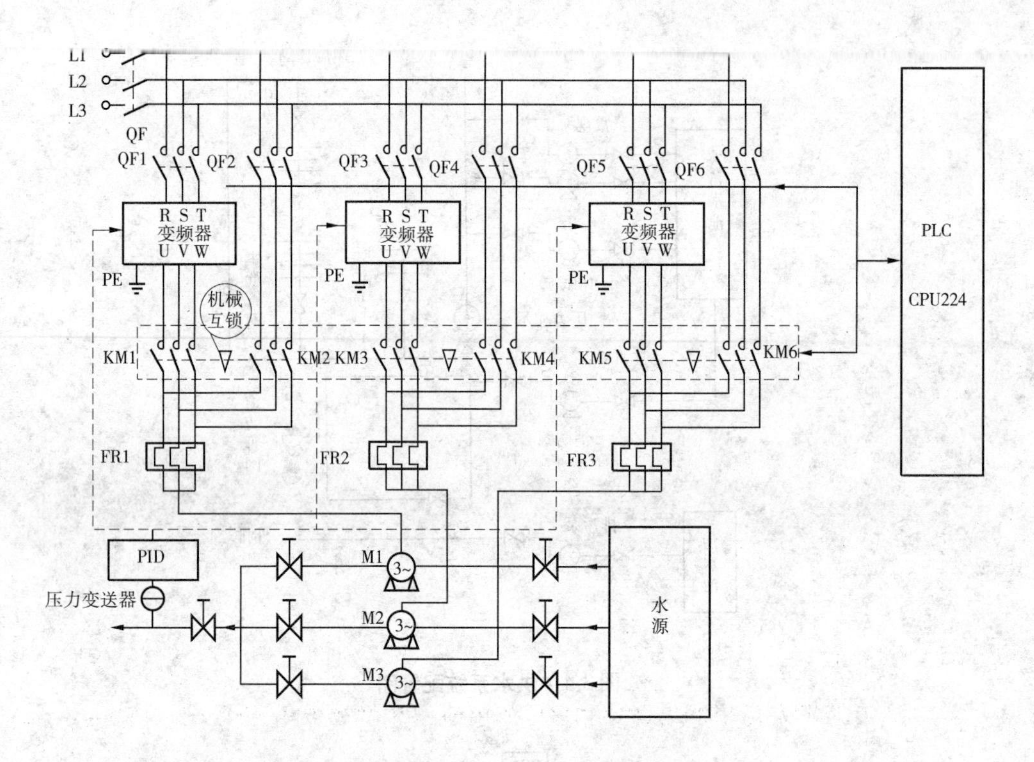

图 3-6 供水控制系统的泵机工作原理和电气控制系统的主电路

(1)供水压力要求恒定,波动一定要小,尤其在换泵时。

(2)三台泵根据压力的设定,采用"先开先停"的原则启停。

(3)为了防止一台泵长时间运行,需设定运行时间。当时间到时,自动切换到下一台泵,以防止泵长时间不用而锈死。

(4)要有完善的保护和报警功能。

(5)为了检修和应急要设有手动功能。

(6)需具有水池防抽空功能。

四、PLC 的选型

为了使系统提高供水质量,实现节能功能,泵机部分采用以 PLC 和变频器为核心组成的恒压供水控制系统。系统由 S7 - 200 CPU224 型 PLC,ABB ACS400 系列 7.5 kW 变频器和具有压力显示功能的 PID 调节器组成。利用变频器的两个可编程继电器输出端口 R01 和 R02 进行功能设定。当变频器达到最高频率时,R01 的常开触点 R01B、R01C 闭合;当变频器达到最低频率时,R02 的常开触点 R02B、R02C 闭合,可以此作为 PLC 的输入信号,判断是否进行加泵和切泵。采用具有模拟量输入和模拟量输出的 PID 调节器,将压力传感器的信号(4 ~ 20 mA 或 0 ~ 5 V)送给调节器,调节器再将模拟量输出给变频器进行频率调节。图 3-7 所示为采用 PLC 控制的系统框图。

五、PLC 的输入/输出点分配

系统占用 PLC 的 4 个输入点,8 个输出点,具体的输入/输出点分配见表 3-1。

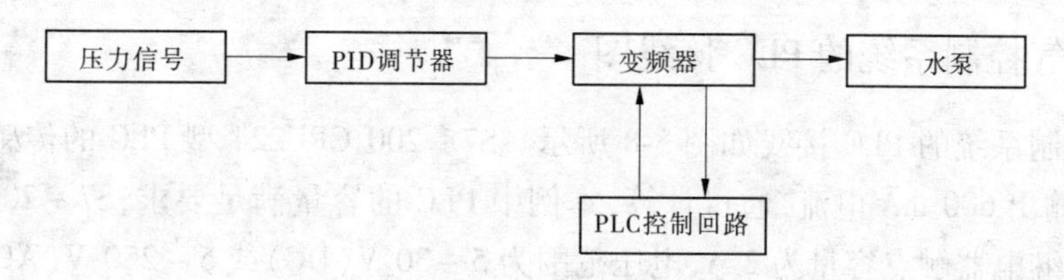

图 3-7　采用 PLC 控制的系统框图

表 3-1　输入/输出点分配表

输入点	功 能	输出点	功 能
I0.0	变频器高频到达 R01		
I0.1	变频器低频到达 R02	Q0.1(102 号)	KM1(1 号电动机接变频器)
		Q0.2(103 号)	KM2(1 号电动机接工频电源)
I0.3	启动	Q0.3(104 号)	KM3(2 号电动机接变频器)
		Q0.4(105 号)	KM4(2 号电动机接工频电源)
		Q0.5(106 号)	KM5(3 号电动机接变频器)
		Q0.6(107 号)	KM6(3 号电动机接工频电源)
I0.7	水池水位下限	Q0.7	接变频器 DI1(PLC 的 202 连线)
		Q1.0	接变频器 DI2(PLC 的 203 连线)

注:1. DI1 为常开按钮,启动;DI2 为常闭按钮,停止。

2. DI1 得电启动变频器,DI2 失电停止变频器。

六、变频器的技术参数

ABB ACS400 系列变频器是具有多种功能的变频器,由于已选用了 PID 调节器,因此就不用变频器的内部 PID 调节,而只用变频器的工厂宏 FACTORY(0)就可以了。压力传感器将压力信号传给 PID 调节器,PID 调节器根据压力设定,输出 4 ~ 20 mA 给变频器,以调节电动机的速度。变频器的运行要根据 PLC 输出 Q1.0(DCOM1 ~ D12)是否闭合来确定,变频器的停止要根据 PLC 输出 Q0.7(DCOM1 ~ D11)是否闭合来确定。将变频器的内部可编程继电器 R01、R02 设定成需要的最终频率。相关参数设定见表 3-2。

表 3-2　ABB ACS400 系列变频器参数设定

代码	功能	设定值	代码	功能	设定值
9902	APPLIC MACRO	0	2102	STOP PUNCTION	1
1001	EXT1 COMMANDS	3	3201	SUPERV 1 PARAR	103
1003	DIRECTION	1	3202	SUPERV 1 LIM LO	15
1102	EXT1/EXT2	6	3203	SUPERV 1 LIM HI	50
1103	EXT REF 1 SELECT	0	3204	SUPERV 2 PARAM	103

七、电气控制系统的 PLC 接线图

电气控制系统的 PLC 接线如图 3-8 所示。S7－200 CPU224 型 PLC 的传感器电源(DC 24 V)可以输出 600 mA 电流,通过计算,本例中 PLC 的容量满足要求,S7－200 CPU224 型 PLC 的输出继电器触点容量为 2 A,电压范围为 5～30 V(DC)或 5～250 V(AC),如果用在较大容量的系统中,一定要注意 PLC 的输出保护。S7－200 CPU224 型 PLC 端子 101～106 接控制电路图中虚线框内相对应的控制线,201 接变频器的 DCOM1,202～203 接变频器的 D11～D12,变频器的 R01 常开触点接到 PLC 的 I0.0,R02 常开触点接到 PLC 的 I0.1。

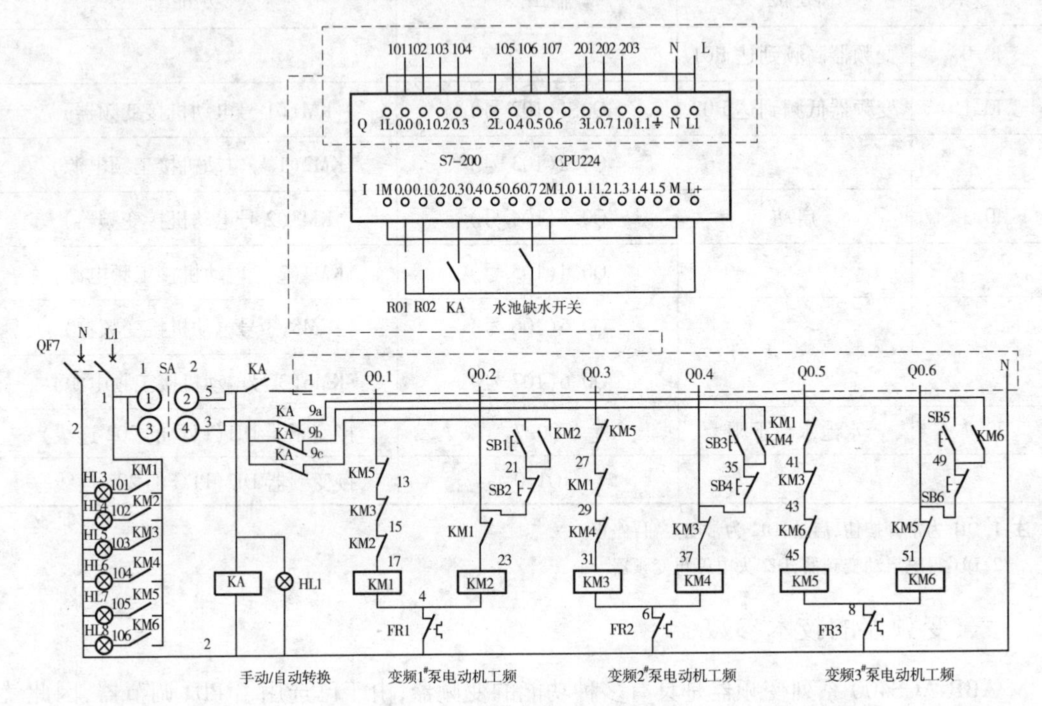

图 3-8 PLC 的接线图

电气控制系统的控制电路如图 3-8 所示。SA 为手动/自动转换开关,KA 为手动/自动中间继电器,SA 打在“2”位置为手动状态,打在“1”位置为自动状态,同时 KA 吸合。在手动状态,可以按动 SB1～SB6 控制三台泵的启停。在自动状态时,系统根据 PLC 的程序运行,自动控制泵的启停。HL1～HL8(HL2 在总盘上,图中未画出)为各种运行指示灯。中间继电器 KA 的常开触点接 I0.3,控制自动状态时的启动。中间继电器 KA 的三个常闭触点接在三台泵的手动控制电路上,控制三台泵的手动运行。在自动状态时,三台泵在 PLC 的控制下能够有序而平稳地切换、运行。FR1、FR2、FR3 为三台泵的热继电器的常闭触点,可对电动机进行过电流保护。

由于变频调速技术和可编程控制器的应用灵活方便,在恒压供水系统中得到了广泛的应用。采用 PLC 作为中心控制单元,利用变频器与 PID 结合,根据系统状态可快速调整供水系统的工作压力,达到恒压供水的目的,提高了系统的工作稳定性,得到了良好的控制效果以及明显的节能效果。

变频器在中央空调采暖通风系统中的应用

中央空调系统已广泛应用于工业与民用领域。在宾馆、酒店、写字楼、商场、医院住院部大楼、工业厂房中的中央空调系统，其制冷压缩机组、冷冻水循环系统、冷却水循环系统、冷却塔风机系统等的容量大多是按照建筑物最大制冷、制热负载选定的，且留有充足裕量。制冷压缩机组通过压缩机将制冷剂压缩成液态后送至蒸发器中，冷冻水循环系统通过冷冻水泵将常温水泵入蒸发器盘管中，与冷媒进行间接热交换，这样原来的常温水就变成了低温冷冻水，冷冻水送到各风机风口的冷却盘管中吸收盘管周围的空气热量，产生的低温空气由盘管风机吹送到各个房间，从而达到降温的目的。冷媒在蒸发器中被充分压缩，热量吸收过程完成后，再被送到冷凝器中恢复常压状态，以便冷媒在冷凝器中释放热量，其释放的热量正是通过冷却水循环系统的冷却水带走的。冷却水循环系统将常温水通过冷却水泵泵入冷凝器热交换盘管后，再将这已变热的冷却水送到冷却塔上，由冷却塔对其进行自然冷却或通过冷却塔风机对其进行喷淋式强迫风冷，与大气之间进行充分热交换，使冷却水变回常温，以便再循环使用。在冬季需要制热时，中央空调系统仅需要通过冷热水泵（在夏季称为冷冻水泵）将常温水泵入蒸汽热交换器的盘管，通过与蒸汽的充分热交换后再将热水送到各楼层的风机盘管中，即可实现向用户提供暖热风。中央空调系统的主要设备是风机、水泵，对风机、水泵类负载常采用变转矩变频器进行控制。在控制过程中，使用温/湿度传感器和微机闭环控制，使工作场合的温度更稳定。空调电动机一般为 380 V、15 ~ 55 kW。变频器电源可采用三相输入、三相输出，也可采用单相输入、三相输出。

一、中央空调系统的构成

（一）供暖

（1）系统组成：热源、散热设备、输热管道、调控构件等。

（2）技术职能：输入热能至空间，补偿其热损失，达到室内温度要求。

（二）通风

（1）系统组成：通风机、进排或送回口、净化装置、风道与调控构件等。

（2）技术职能：通风换气、防暑降温、改善室内环境、防止内外环境污染。

（三）空气调节

（1）系统组成：冷热源、空气输出设备与末端装置、风机、水泵、管道、风口、调控构件等。

（2）技术职能：依靠经过全面处理且参数适宜、品质良好的空调介质与受控环境空间进行能量、质量的传递与交换，实现对室内空气温度、湿度、速度、洁净度和其他参数的按需调控。

（3）系统分类：一次回风、二次回风、全新风。

二、中央空调系统的控制方式

图 3-9 所示为中央空调系统的构成，主要分为冷冻主机、冷冻水（热水）循环系统、冷却水循环系统，智能变频柜主要控制的对象为冷冻水（热水）回路和冷却水回路。

（一）冷冻机组

冷冻机组是中央空调的制冷源。中央空调系统主要由冷冻机组进行内部热交换，由冷

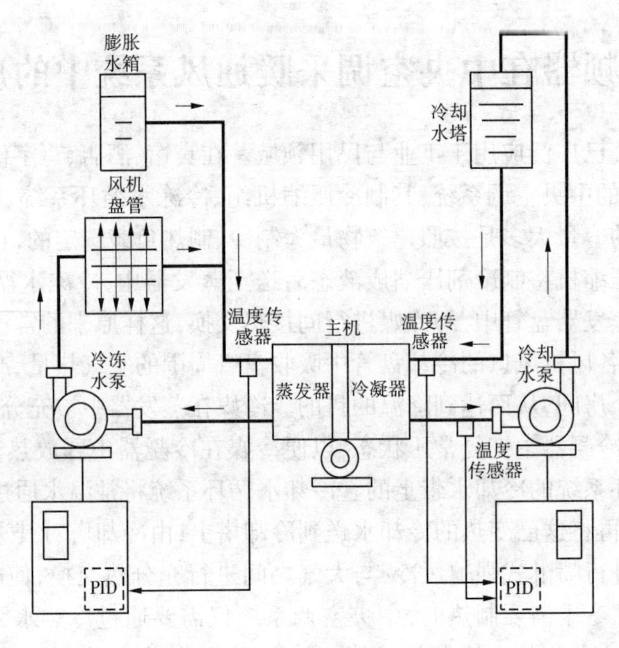

图 3-9　中央空调系统的构成

冻水进行降温,形成循环水送往各个房间。

(二)冷却水塔

冷却水塔为冷冻机组提供冷却水。

(三)外部热交换系统

外部热交换系统由如下两个循环水系统组成:

(1)冷冻水循环系统,由冷冻水泵及冷冻水管道组成。由冷冻机组送出的冷冻水经冷冻水泵加压送入冷冻水管道,在各房间内进行热交换,把房间内的热量带走,使房间内的温度下降。

(2)冷却水循环系统,由冷却水泵、冷却水管道及冷却水塔组成。冷冻机组进行热交换,使水温降低的同时,释放了大量的热量。该热量被冷却水吸收,使冷却水温度升高。冷却水泵将升了温的冷却水压入冷却水塔,使之在冷却水塔中与大气进行热交换(加风机强降温),然后再将降了温的冷却水送回到冷冻机组。如此不断循环,带走了冷冻机组释放的热量。

(四)冷却风机

冷却风机分为室内风机和冷却水塔风机两种。室内风机安装于所有需要降温的房间内,用于将由冷冻水冷却了的冷空气吹入房间,加速房间内的热交换;冷却水塔风机用于降低冷却水塔中的水温。

(五)温度检测

温度检测通常使用热电阻,如 Pt100 温度传感器等。

三、中央空调的拖动系统

中央空调的拖动系统通常由以下几个部分组成。

(一)冷冻机组拖动系统

图 3-10 所示为冷冻机组拖动系统的控制电路。

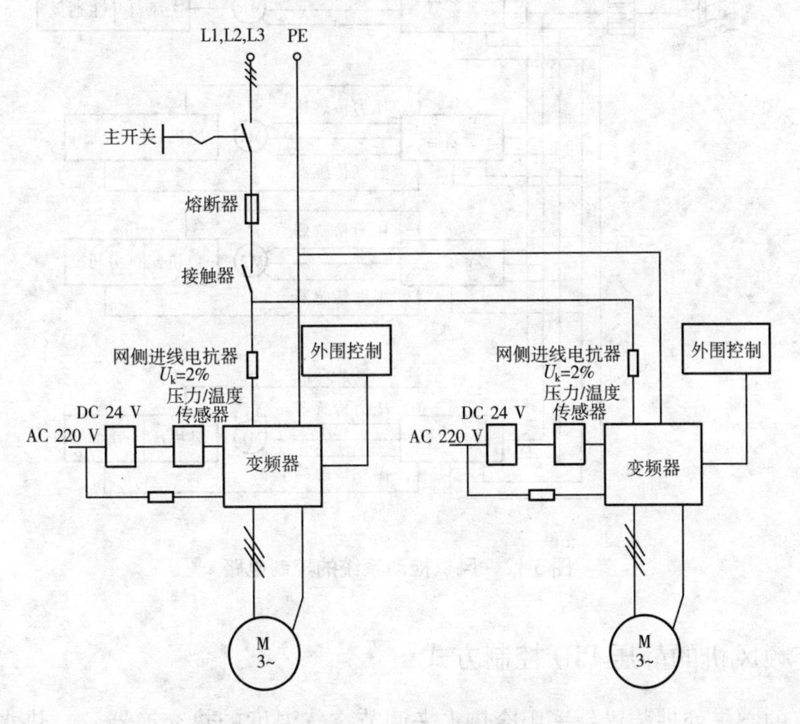

图 3-10　冷冻机组拖动系统的控制电路

图 3-11 所示为单台变频器接线。

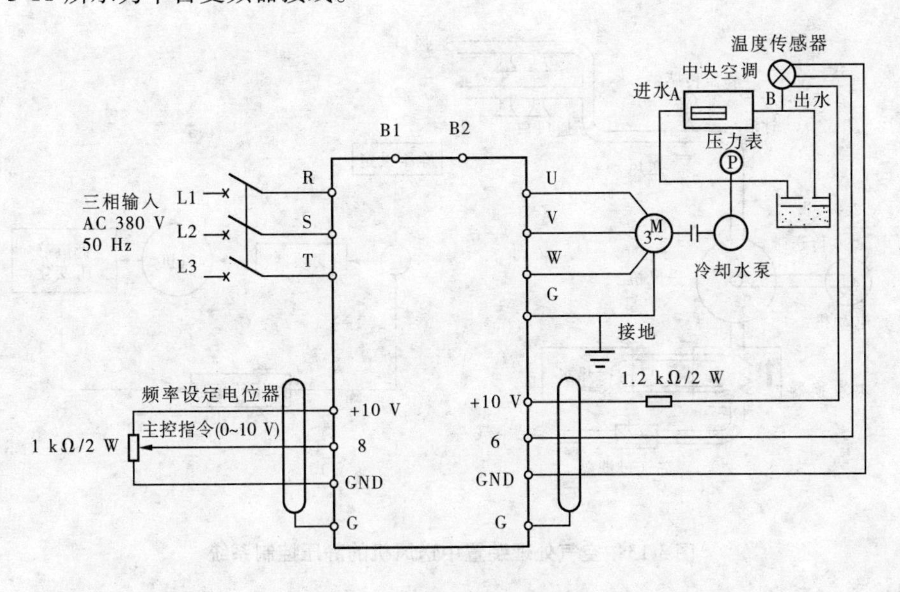

图 3-11　单台变频器接线

(二)风机拖动系统

图 3-12 所示为风机拖动系统的控制电路。

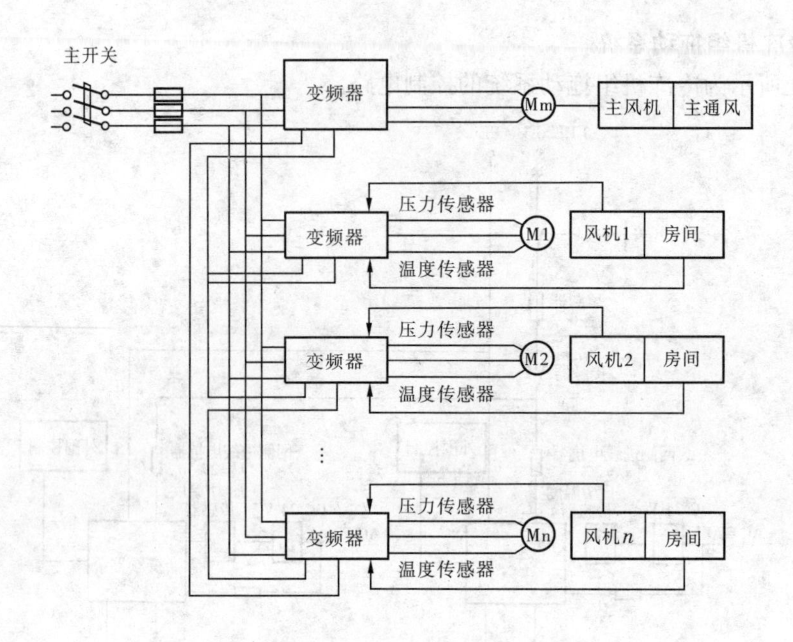

图 3-12　风机拖动系统的控制电路

四、变频风机的静压 PID 控制方式

送风机的空气处理装置是采用冷热水来调节空气温度的热交换器，冷、热水是通过冷、热源装置对水进行加温或冷却而得到的。大型商场、人员较集中且面积较大的场所常使用此类装置。图 3-13 给出了一个空气处理装置中送风机的静压控制系统。

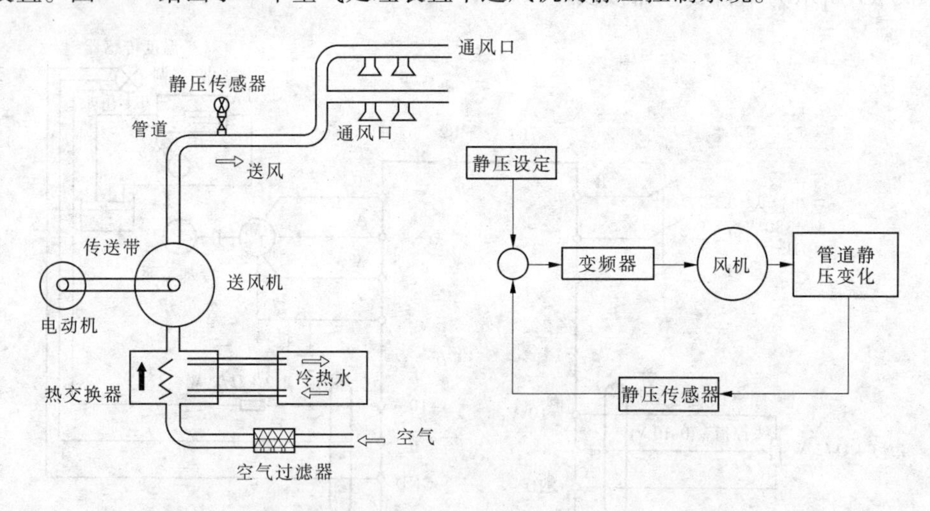

图 3-13　空气处理装置中送风机的静压控制系统

在第一个空气末端装置的 75% ~100% 处设置静压传感器，通过改变送风机入口的导叶开度或风机转速的办法来控制系统静压。如果送风干管不只一条，则需设置多个静压传感器，通过比较，用静压要求最低的传感器控制风机。风管静压的设定值(主送风管道末端

最后一个支管前的静压)一般取 250 ~ 375 Pa。若各通风口挡板开启数增加,则静压值比给定值低,控制风机转速增加,加大送风量;若各通风口挡板开启数减小,静压值上升,控制风机转速下降,送风量减小,静压又降低,从而形成了一个静压 PID 控制的闭环。

五、中央空调的变风量系统

中央空调的变风量系统采用的是变频控制。变风量是通过变频器的控制,改变风机电动机的转速来达到调节风量的目的,同时还可调节冷水泵、控制送风温度。变风量机组控制性能的优劣,除与变风量机组本身的性能密切相关外,还取决于控制的模式,控制器的性能、品质。变频调节能最大限度地满足变风量机组对风量、温度、噪声的调节要求,使节能效果更明显,体积更小,可靠性、稳定性更高。集中制冷、集中通风,压力温度双变量控制使以变频器为核心的控制系统发挥出特殊的优越性。

图 3-14 所示为变风量系统主回路原理图。

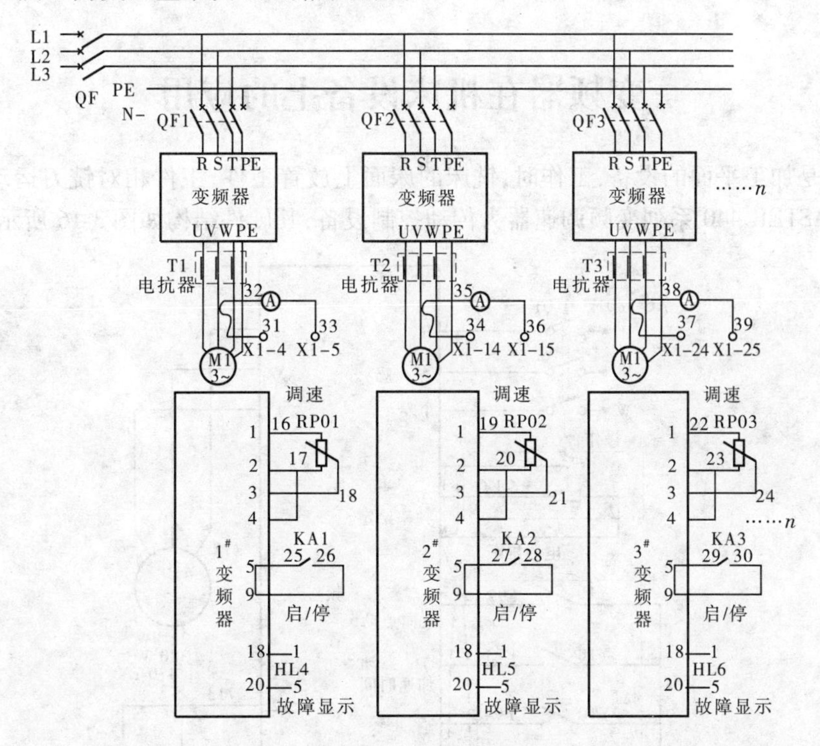

图 3-14　变风量系统主回路原理图

图 3-15 所示为变风量系统主回路的控制回路原理图。

六、中央空调系统的调试

系统使用时,冷水泵是根据冷冻机来决定其最小流量的,为了不低于这个流量,必须给变频器设定与这个流量对应的最低频率。同时,由于最大流量与最小流量之间必须用比例控制来调节,所以有必要设置偏压系统及放大系统来实现比例控制系统的调节。

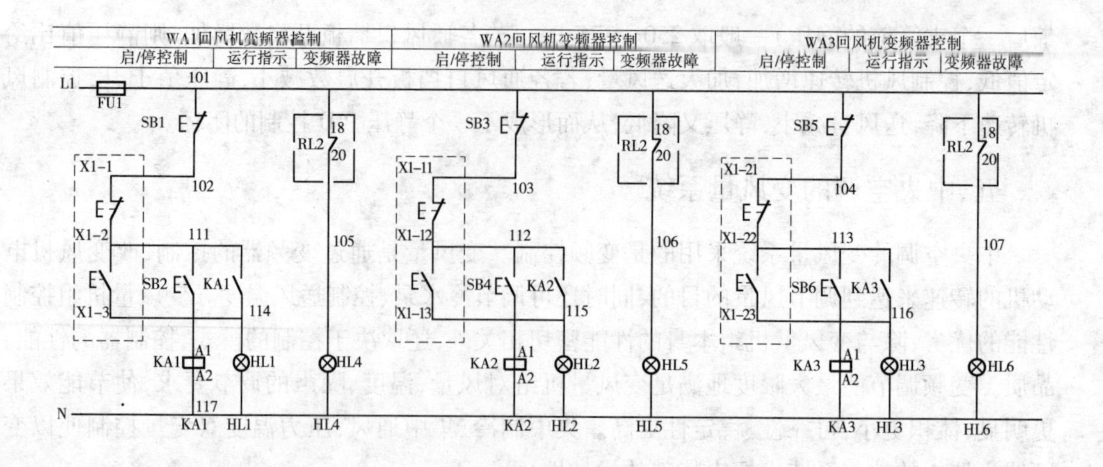

图 3-15　变风量系统主回路的控制回路原理图

变频器在机床设备上的应用

铣床是加工平面的设备，工作时，铣床的床面上放置工件，工件相对铣刀运动。铣床以 MICROMASTER 440 系列变频调速器为传动控制设备，其硬件结构如图 3-16 所示。

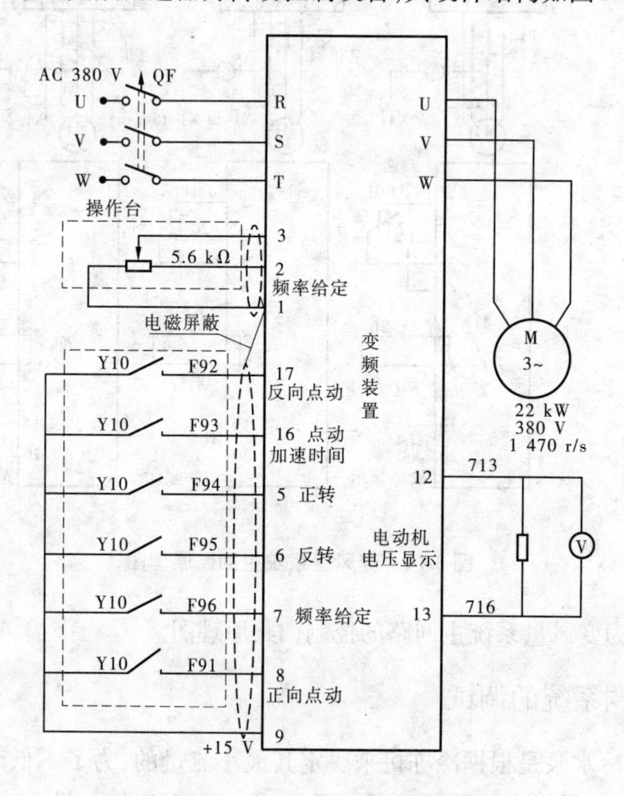

图 3-16　铣床传动控制设备的硬件结构

一、工艺过程

工艺过程如下:把工件放到床面上→加紧工件→床面开始移动→由主轴电动机带动刀盘铣面→加工完毕退回。

根据生产工艺要求,必须对床面移动电动机进行速度调节。考虑到方案的可行性与系统运行的可靠性,本系统中采用了两台变频器,床面移动电动机选用 22 kW 电动机,可实现如下功能:易于安装、参数设置和调试;具有多个数字信号和模拟信号的输入、输出接口;模块化设计,配置非常灵活;脉宽调制的频率高,电动机运行噪声低;具有多种运行控制方式,可实现无传感器的矢量控制和各种 *U/f* 控制。

二、铣床系统控制

对于不同型号的铣床,变频器可通过设置参数 P1300 实现多种不同的运行方式,来控制变频器输出电压和电动机转速间的关系:线性 *U/f*(电压/频率)关系、抛物线 *U/f* 控制、多点 *U/f* 控制、与电压设定值无关的 *U/f* 控制和无传感器矢量控制等。本系统中采用了无传感器矢量控制方式,用固有的滑差补偿对电动机的速度进行控制。采用这种方式,可以得到大的转矩、改善瞬态响应特性、具有优良的速度稳定性,而且在低频时可以提高电动机的转矩。

在变频器的 R、S、T 端输入交流 380 V 工作电源。变频器的控制接线端接收 PLC 的输出信号。根据实际操作需要,在不同工作方式下,变频器的速度按不同方式调节。调整方式时,PLC 输出正向点动和反向点动信号到变频器的 8 号和 17 号端,变频器以固定频率进行点动。

从床面看,正常工作时分为床面前进和退回。床面前进时,由生产工人根据主轴电流大小用电位器控制床面前进速度。床面退回时,固定高、低两挡频率,先以高速退回,到达减速点后减速到低速,直到停车位置。将铣床的床面移动电动机改为交流电动机,由西门子 MICROMASTER 440 系列变频器作调速器后,完全满足了生产的需要,发挥了很好的作用,并且维护量少,可靠性高,提高了设备的装机水平。

变频器在生产线上的应用

变频器控制密度板联动生产线系统采用的是 MICROMASTER 440(简称 MM440)系列变频器,其具有 Profibus 网络和 BICO 控制功能,可通过工业控制计算机和 PLC,利用 Profibus 网络控制及变频器外部端子两种控制方法,对变频器进行自动和手动控制。正常时采用第 1 命令数据组 CDS 进行 Profibus 网络控制(自动控制);网络有故障时采用第 2 命令数据组,即变频器外部端子控制(手动控制)方式。在实际应用中,所有变频器都安装了 Profibus 模板、BOP 操作面板。在硬件设置上,开关量输入 1 作为第 1 命令数据组 CDS 的输入信号;开关量输入 2 作为第 2 命令数据组的变频器启动、停止信号;开关量输入 3 作为第 2 命令数据组的变频器电动电位计升速信号;开关量输入 4 作为第 2 命令数据组的变频器电动电位计减速信号。变频器运行的各种状态及现行值均通过网络传送到 PLC,再经过工业控制计算机(软件 WCC)显示及控制。

一、变频器控制密度板联动生产线系统配置

根据控制的要求,变频器控制密度板联动生产线系统需要 14 台容量不同的变频器,变频器的选用如下:

6SE6440－2UD22－2BA0 型 2.2 kW 变频器 2 台。

6SE6440－2UD24－0BA0 型 4 kW 变频器 3 台。

6SE6440－2UD33－0EA0 型 30 kW 变频器 2 台。

6SE6400－1BP00－0AA0 型变频器 7 台。

二、变频器控制密度板联动生产线系统单线图

变频器控制密度板联动生产线系统单线图如图 3-17 所示。

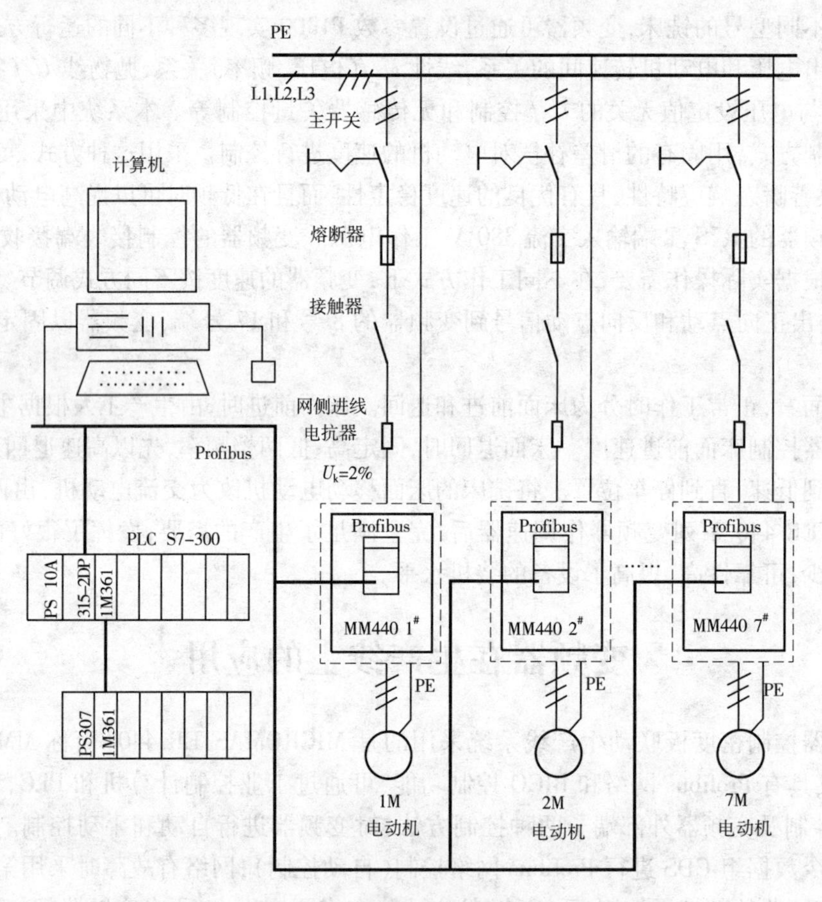

图 3-17　变频器控制密度板联动生产线系统单线图

三、变频器控制密度板联动生产线系统原理图

变频器控制密度板联动生产线系统原理图如图 3-18 所示。KM1 ~ KM5、KM11 ~ KM15 为中间继电器的触点,它们的动作由 PLC 控制。变频器运行时,PLC 的控制信号、变频器的状态由网络进行通信。该系统由 7 台变频器组成,图中仅绘出了 2 台。

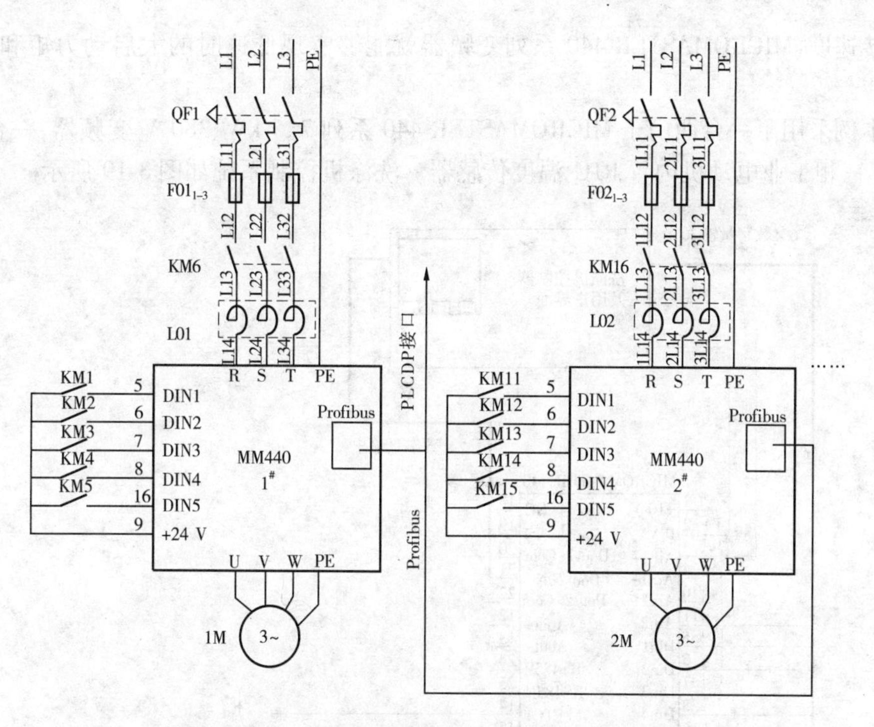

图 3-18　变频器控制密度板联动生产线系统原理图

四、变频器控制密度板联动生产线系统的主要调节参数

以一台容量为 4 kW 的变频器为例说明主要调节参数。

(一)电动机参数

电动机参数的设定如下(电动机参数的第 1 和第 2 驱动数据组 DDS 所设置参数均相同):

P100.0 = 0.00	P304.0 = 380.00	P305.0 = 7.80	P307.0 = 4.00
P308.0 = 0.82	P310.0 = 50.00	P311.0 = 1 400.00	P1082.0 = 50.00
P1121.0 = 5.00	P1300.0 = 20.00	P300.0 = 2.00	P1120.0 = 5.00

(二)数字量 I/O 及 BICO 的参数

数字量 I/O 及 BICO 的参数设定如下:

P700.0 = 6.00	P700.1 = 2.00	P701.0 = 99.00	P810 = 722.00
P702.0 = 0.00	P702.1 = 1.00	P703.0 = 0.00	P703.1 = 13.00
P704.0 = 0.00	P704.1 = 14.00	P1000.0 = 6.00	P1000.1 = 1.00

(三)Profibus 网络的参数

Profibus 网络参数的设定如下:

P918 = 10 (根据 Profibus 地址)

R2090(B0:从 CB 收到的控制字 1)

变频器在工业洗涤机上的应用

典型的工业洗涤机的应用,其关键点在于低速洗涤时有很平滑的力矩和脱水时有很高的旋转速度，MICROMASTER 440 系列变频器就能够实现低速时的大启动力矩和快速的动态响应。

本例采用了一台西门子 MICROMASTER 440 系列 7.5 kW、380 V 变频器，一台 7.5 kW 230 V 三相工业电动机内置 PTC 温度传感器。洗涤机控制系统如图 3-19 所示。

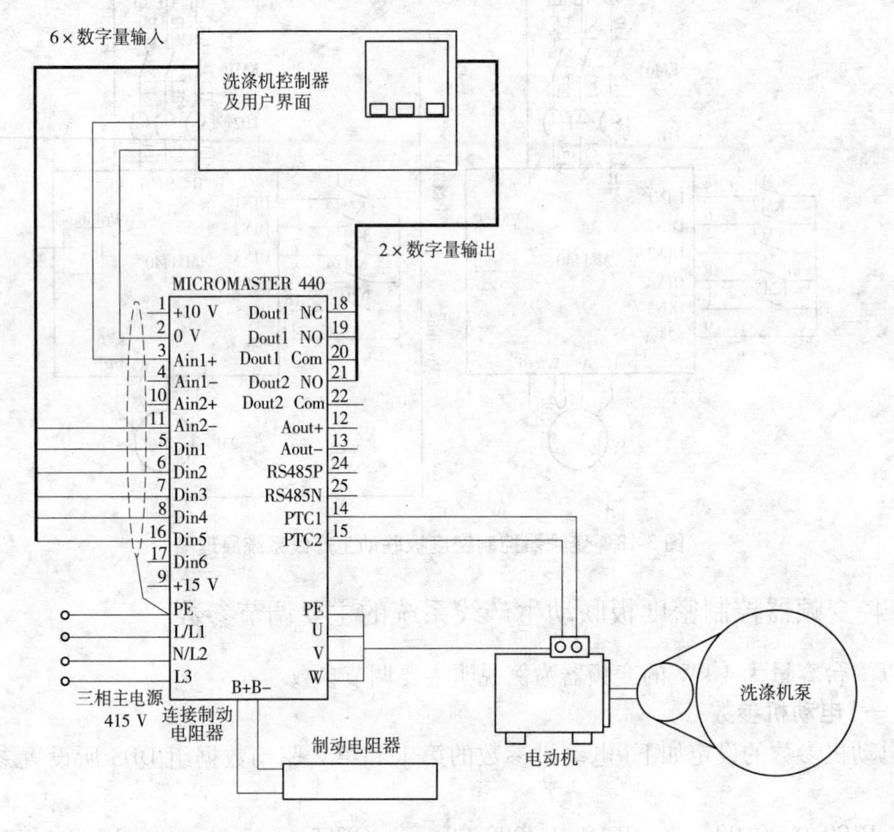

图 3-19　洗涤机控制系统

在图 3-19 中，洗涤开始时是 5 Hz 启动，在洗涤过程中以 150 Hz 高速运行。传动装置通过数字量输入来控制系统的启停、正/反转、固定频率设定以及加/减速时间。

此系统可以灵活地设定 8 个固定频率和 2 个斜坡上升/下降时间，一个用于洗涤周期，一个用于脱水周期。另外，在此系统中，用模拟量输入作为附加给定，与固定频率设定相叠加以满足特殊洗涤要求，例如洗涤丝绸时的要求。

装置上的继电器输出信号在输出设定值到达时或有故障产生时作为显示信号用。另外，在此系统中，电动机上带一个内置的 PTC 温度传感器。PTC 直接接到变频器上，当电动机过热时，装置就会停止输出并产生报警信号。

变频器在电梯系统控制上的应用

在电梯升降系统的轿厢控制中，由于配重的存在，系统有很大的惯性，传动装置必须有很大的启动力矩。西门子 MICROMASTER 440 系列变频器，可以控制电动机从静止到平滑启动，在 3 s 内提供 200% 过载的能力，并且 MICROMASTER 440 系列变频器的矢量控制功能,使轿厢在任何情况下都能平稳地运行且保证乘客的舒适感,特别是在轿厢突然停止和突然启动时。MICROMASTER 440 系列变频器内置了制动单元,用户只需选择合适的制动电阻就可以实现再生制动,因此可以实现系统节能的目的。

一、电梯控制系统的配置

电梯控制系统的主要配置是7.5 kW/400 V MICROMASTER 440 变频器、7.5 kW/400 V 三相带制动器的电动机、SIMATIC S7 - 313 PLC,如图 3-20 所示。

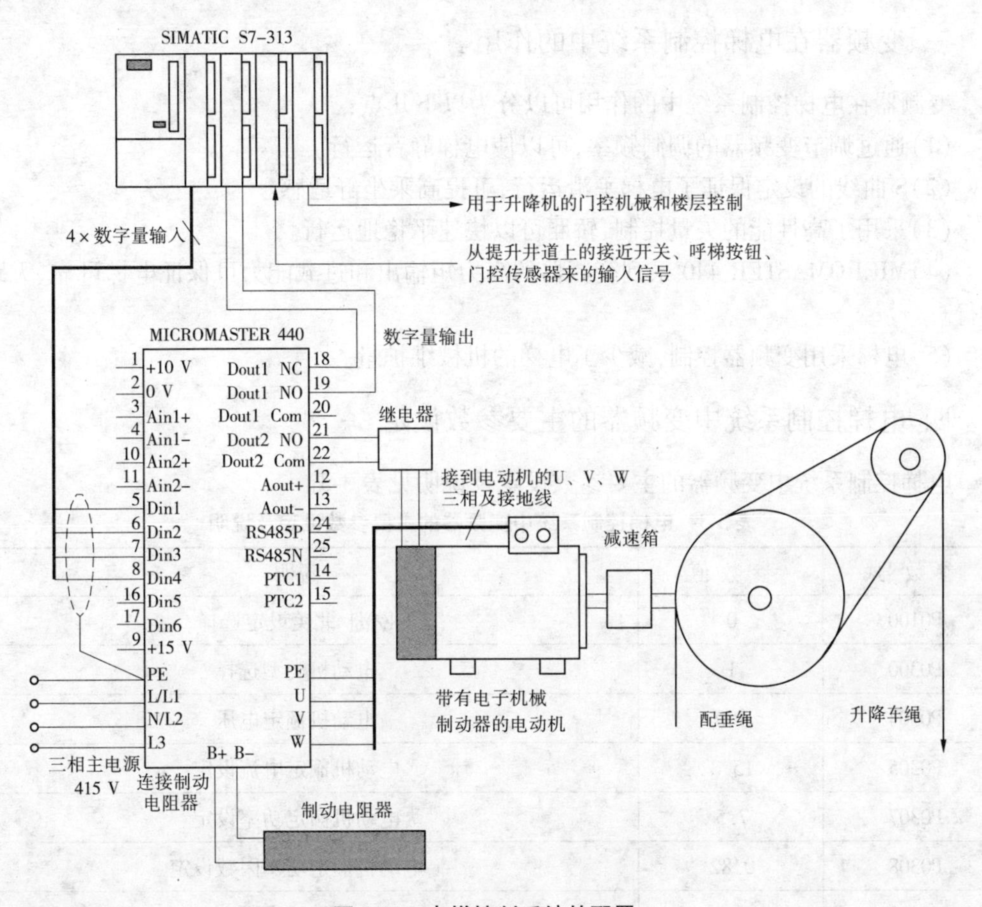

图 3-20 电梯控制系统的配置

二、电梯控制系统的描述

电梯控制系统中, MICROMASTER 440 系列变频器用于控制三层楼的小型提升系统。外接制动电阻用于提高电动机的制动性能。电梯控制系统采用两个固定频率,50 Hz 对应 1 m/s速度,6 Hz 对应的速度用于减速停车。斜坡积分时间设定为 3 s,其中含有 0.7 s 的平滑积分时间。

变频器的控制是由数字量输入完成的,2 个输入 Din1、Din2 用于选择运行方式,Din3、Din4 用于选择两段运行速度,Din5 用于直流注入制动控制。一个继电器输出用于控制电动机的制动器,其余的用于提升机的故障报警。

电动机制动器打开后,电梯沿着井道方向加速,变频器频率从 0 Hz 上升到 50 Hz,此时电梯的速度也从 0 m/s 提升到 50 Hz 对应的速度。在井道中用一些接近开关与 PLC 相连接,它们提供平层信号和减速停车。当电梯达到第一个接近开关(输入启停控制)时,电动机开始减速且以低速 6 Hz 爬行,当电梯达到第二个接近开关时,电动机停车且电动机制动器动作。

图 3-20 中采用 SIMATIC S7 - 313 PLC 系统来处理接近开关信号、按钮信号以及电梯的控制开关和楼层显示等。

三、变频器在电梯控制系统中的作用

变频器在电梯控制系统中的作用可以分为以下几点:

(1)通过调节变频器的调制频率,可以使电梯静音运行。

(2)S 曲线的设定保证了电梯平滑运行,可提高乘坐舒适感。

(3)采用了高性能的矢量控制,轿厢可以快速平稳地运行。

(4)MICROMASTER 440 系列变频器的高力矩输出和过载能力可保证电梯可靠、无跳闸运行。

(5)电梯采用变频器控制,减少了电梯的机械维护量。

四、电梯控制系统中变频器的主要参数设定

电梯控制系统中变频器的主要参数设定及说明见表 3-3。

表 3-3 电梯控制系统中变频器的主要参数设定及说明

参数号	参数值	说明
P0100	0	欧洲/北美设定选择
P0300	1	电动机类型选择
P0304	400	电动机额定电压
P0305	15.3	电动机额定电流设定
P0307	7.5	电动机额定功率设定
P0308	0.82	电动机额定功率因数设定
P0309	0.9	电动机效率设定
P0310	50	电动机额定频率设定
P0311	1 455	电动机额定转速设定
P0700	2	变频器数字量设定
P1000	3	变频器频率设定值,来源于固定频率
P1080	2	电动机运行的最小频率(在此频率时电动机的制动器动作)
P1082	50	电动机运行的最大频率
P1120	3	斜坡上升时间
P1121	3	斜坡下降时间

续表 3-3

参数号	参数值	说明
P1130	0.7	斜坡平滑时间
P1131	0.7	斜坡平滑时间
P1132	0.7	斜坡平滑时间
P1133	0.7	斜坡平滑时间
P1300	20	选择变频器的运行方式,为无速度反馈的矢量控制
P0701	16	Din1 选择固定频率 1 运行
P0702	16	Din2 选择固定频率 2 运行
P1001	50	固定频率 1 Din1,50 Hz
P1002	6	固定频率 2 Din2,6 Hz
P0705	25	通过 Din5 控制直流制动使能
P0731	52.3	变频器故障指示
P0732	52.7	电动机制动器动作
P1215	1	电动机制动器使能
P1216	0.5	在启动前最小频率时电动机制动器释放延时 0.5 s
P1217	1	在停车前最小频率时电动机制动器保持延时 1 s
P3900	3	快速调试

五、电梯变频器 MICROMASTER 440 的主要技术指标

电梯变频器 MICROMASTER 440 的主要技术指标如下:

(1)输入电压为三相 380 ~ 480 V,允许上下浮动 10%。

(2)输入频率为 47 ~ 63 Hz。

(3)输出电压为 0 ~ 380 V。

(4)输出频率范围为 0 ~ 650 Hz。

(5)输出功率为 7.5 kW。

(6)工作温度范围为 -10 ~ 50 ℃,保护等级为 IP20。

(7)控制方式采用 *U/f*、FC、SVC、VC、TVC。

(8)串行接口有 RS232、RS485。

(9)电磁兼容性为 EN55011 A 级或 EN55011 B 级。

参考文献

[1]吴忠智,吴加林.调速用变频器及配套设备选用指南[M].北京:机械工业出版社,2001 .
[2]冯垛生.变频器实用指南[M].北京:人民邮电出版社,2006.
[3]张燕宾.SPWM 变频调速应用技术[M].3 版.北京:机械工业出版社,2005.
[4]吴忠智,黄立培,吴加林.调速用变频器及配套设备选用指南[M].北京:机械工业出版社,2001.
[5]苏玉刚,陈渝光.电力电子技术[M].重庆:重庆大学出版社,2003.
[6]陈国呈.新型电力电子变换技术[M].北京:中国电力出版社,2004.
[7]贺益康,潘再平.电力电子技术[M].北京:科学出版社,2004.
[8]佟纯厚.近代交流调速[M].2 版.北京:冶金工业出版社,2004.
[9]阮新波,严仰光.直流开关电源的软开关技术[M].北京:科学出版社,2000.
[10]李方圆.变频器行业应用实践[M].北京:中国电力出版社,2006.
[11]方大千,等.变频器、软起动器及 PLC 实用技术问答[M].北京:人民邮电出版社,2007.
[12]孙传森,钱平.变频器技术[M].北京:高等教育出版社,2005.
[13]郝万新.电力电子技术[M].2 版.北京:化学工业出版社,2008.
[14]吕志斗.实用广谱变频节能技术[M].沈阳:辽宁科学技术出版社,2000.
[15]王廷才,王伟.变频器原理及应用[M].北京:机械工业出版社,2005.
[16]杨公源.常用变频器应用实例[M].北京:电子工业出版社,2006.
[17]王兆安,黄俊.电力电子技术[M].4 版.北京:机械工业出版社,2000.
[18]王维平.现代电力电子技术及应用[M].南京:东南大学出版社,2001.
[19]胡崇岳.现代交流调速技术[M].北京:机械工业出版社,2005.
[20]黄家善,王廷才.电力电子技术[M].北京:机械工业出版社,2000.
[21]王文郁,石玉.电力电子技术应用电路[M].北京:机械工业出版社,2001.
[22]陈国呈.PWM 变频调速及软开关电力变换技术[M].北京:机械工业出版社,2003.
[23]韩荣安.通用变频器及其应用[M].2 版.北京:机械工业出版社,2000.
[24]莫正康.电力电子应用技术[M].3 版.北京:机械工业出版社,2000.